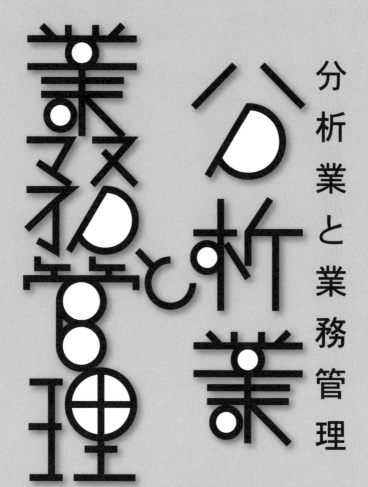

分析業と業務管理

分析業と業務管理

服部 寛和
菊谷　彰

JN077371

はじめに

　本書は、愛知県ほか東海地方に活動の場をおく株式会社ユニケミー及び一般財団法人東海技術センターの協力により完成しました。筆者二人の勤めるその二社は環境計量証明業を始めとする測定分析業を営んでいます。わかりやすく言えばいわゆる「化学分析の会社」です。測定分析の業界活動は、主に一般社団法人愛知県環境測定分析協会を舞台に行われていますが、二社共にその会員です。会員活動を行う中、業界及び測定分析業に存在する課題に気づき、その対応を提案したいと考え執筆に至りました。

　課題の一つは、十分機能しているかどうかよくわからない精度管理など品質管理の仕組みです。データの信頼性が求められそしてそれは業界の誰もが承知しているのですが、その仕組みが確立されていないようにも思えます。化学分析などを依頼されるお客様も、業務の管理やデータの精確さ（真度と精度）の維持が行われる仕組みをあまりご存知ないでしょう。更に環境計量証明業をはじめ測定分析業に勤める若い方も、この仕組みを十分理解されていないと思います。そして業界の管理職層でも、営業の管理職は技術の、技術の管理職は営業のなすべきことを、つまり全体を理解していると言えないと感じます。加えて計量法そしてISO/IEC17025 などいわゆる品質管理システムが既に設けられ運用されていますが、測定分析業が営む事業の業務管理全体に展開できると言えません。

　本書を著すにあたり、課題とともに測定分析業の業務管理の仕組み全体を示したいと考えました。つまりピーター・ドラッカーの言う「体系が常人に成果をあげる能力を与え、有能な人間に卓越性を与える」とすれば、全体を把握することによりそれぞれの担当業務の把握と必要な処置の判断が的確にできると考えました。自身の業務に通じた現場リーダー層（例：係長、職長クラス）そして管理職（例：課長、部長クラス、計量管理者など）が業務管理全体を把握していれば、測定分析業に必要な業務とその課題を再確認でき、将来に向かって何を追うべきかも認識できるはずです。そのためその仕組みの運用主体となる現場リーダー層そして管理職、更に経営層にお読みいただき、ご意見をいただければと思います。一方業界をご存じない測定分析業を利用されるお客様など外部の方も、測定分析業の業務管理の概要を読みとっていただけるのではないかと思います。

　筆者の役割分担として、菊谷は、ISO審査員経験及び自社のISO システム（9001、14001、17025）構築・運用を踏まえ、マネジメントシステムから見た測定分析業界の経営課題を浮き彫りにするとともに、事例を示しながらその対応策を提示します。一方服部は自身の経験を踏まえ、測定分析業界の品質管理を軸に、各

種課題とその解決策を提示します。

　そして測定分析業界の代表的な業務工程に従い、筆者が各々の役割のもと見解を示していきます。基本的にまず菊谷がマネジメントシステムの面から、ある会社における社員間の会話を情景として設定し、測定分析業界及び測定分析会社の課題（経営、業務等）を浮き彫りにするとともに、その課題解決のための対応策のヒントをポイントとして示していきます。更に服部が業界における先人達の見解（書籍、講演など）を紹介し測定分析業界の課題及び対応策について持論を展開します。具体的な運用は、筆者の各々の勤務先の事例を紹介し、読者の皆さんが業務の参考にしやすいようにしました。

　第1章は業界の現状を簡単に述べました。そして、第2章で測定分析業に利用される管理システムを取り上げ説明を加えます。第3章は、測定分析業が採用すべき品質管理を含む業務管理について、受注から報告書の提供までの測定分析の主業務そして付随する業務の一連の仕組みを、課題とともに提案しました。最後の第4章は、測定分析業の業務管理と提案をまとめました。

　ところで記述は業務管理の考え方を主に示すに留め、詳細な具体的操作手順を示していません。つまり例えば測定分析の重要な業務にサンプリングがありますが、採水操作など具体的な操作手順を示すのでなく、サンプリングに臨む場合の考え方を述べました。従ってサンプリングを実際に行おうとする場合、サンプリング操作について成書又は公定法、日本産業規格、自社のSOP（標準作業手順書）などを読み準備し、訓練を受けなければなりません。そして実際の業務は、単にそれらの操作手順を覚え訓練を受けただけでも遂行できるでしょう。しかしそれだけでは十分と言えないと思います。担当する業務を行うにあたり本書にある事業全体の中の位置付けそして考え方を理解しておくことが、適切な操作を可能にするだけでなく、想定外の事象を生じた場合の対応の柔軟さそして結果として処理の的確さに繋がると考えます。

　測定分析業はどちらかというと小規模の事業所が多く、管理職教育も十分行われていないように感じます。是非、リーダー層そして管理職の方は勿論のこと、若い方にも参考にしていただき仕組みの円滑な運用、ひいては業務の効率化そして我々の責任であるデータの精確さの維持向上を図っていただきたいと考えます。

　最後になりますが、執筆の機会を与えてくださった株式会社ユニケミー及び一般財団法人東海技術センターの筆者の上司そして関係者に、この場を借りて心からお礼申し上げます。

服部　寛和

菊谷　　彰

目次

本書に使う用語の定義及び表記

測定分析事業

特に断らない限り環境計量証明業を始めとして環境だけでなく材料や製品などの広範囲な分析機関、試験所や分析・測定を行う組織を含む事業者の事業を示す。

分析会社、測定分析業及び測定分析業界、業界

「測定分析事業」を行う例えば測定分析会社、分析会社、分析機関、測定分析業者など個々の企業及びその集合体、その業界の表現として用いる。

日環協 一般社団法人日本環境測定分析協会の略称。

愛環協 一般社団法人愛知県環境測定分析協会の略称。

ＴＴＣ 一般財団法人東海技術センターの略称。

規格

ISO（国際標準化機構）、JIS（日本産業規格）などの規格を一般的に示す語として用いる。

規格の表記

特定の規格を参照する場合、年版を記載した ISO9001:2015、ISO/IEC17025:2017 などとして示す。最新版規格を示す場合単に ISO9001、ISO/IEC17025 などと表記する。

なお規格を引用する場合国際規格を用いて示し、規定文を引用する場合日本語版の対応する JIS から示す。なお両者は基本的に同等であり、本書中に区別せずに用いる。

（注）IEC：国際電気標準会議

顧客

分析会社の「顧客」、分析会社に分析を委託する「依頼者」、そして「お客様」を同義に用いる。

従業員、社員

従業員と社員は、同義に用いる。

雇用主と雇用契約を結ぶ正規社員、契約社員、アルバイト・パートなどを含めた範囲とする。

第1章

分析業界の現状

1 分析業界の現状

1.1 業界の現状

　筆者（菊谷）は、測定分析業界の現状を次のように考え危惧を抱いている。

　品質立国日本を象徴する存在であった製造業の現場では、大手企業による検査不正や手抜き作業などが露見しメディアを賑わす昨今である。我々環境計量証明業を含む測定分析業界はどうかと言うと、かつて公害や環境問題に対し有効に機能し社会貢献してきた存在であったが、御多分に漏れず計量証明事業所の不祥事ひいては技術者の倫理観への疑問などが示されている。分析費用の低価格化、短納期要求、人員不足など要因はいろいろあろうが、

　　① 試料採取・受付・保管、分析、外注先管理などの手順の軽視
　　② 精度管理の未確立とマネジメントとしての品質システム運用の未熟さ
　　③ 人材採用、技術者育成の停滞

などの状況があるのではないだろうか。

　事業の特性から精度管理が命であったはずの我々業界、サービス業の特徴(あるいは制約)から事業の継続には、「期待を裏切らない安心して依頼できる分析の提供」が求められる。しかし目先の業務に囚われ、事業を継続発展させるための長期的な展望を描けない実情が透けて見える。

　求められる内容又は関係者が望む姿と現状が乖離した状況（ギャップ）があり、それを埋める活動を進めていく哲学、考え方、指針が期待されていると思う。

　我々測定分析業は、分析を生業とした技術者の集団であることから分析技術を身に付けるのは当然である。また、お客様や市場のニーズに応えていくためには品質システムを円滑に運用させていくことが必要である。しかしその仕組みがなかなか有効に活用されていない状況が窺われる我々業界において、分析を担う現場技術者や管理職が日常業務遂行に活用できる品質システム運用の考え方又はヒントを提供できればと思う。

1.2　測定分析業の課題と精度管理

（1）測定分析業の課題

　最初に測定分析業が抱える課題を、一般社団法人日本環境測定分析協会が実施した実態調査から読み取る。その調査は、平成30年度版（2018年）の「環境計量証明事業者（事業所）実態調査報告書」[1] が最新で、5年毎に会員及び非会員の環境計量証明事業者を対象にアンケートを行い、報告書が作られてきた。そのアンケー

トの中に事業経営の課題を尋ねる設問があり、13 項目から複数選択を許し回答を求めている。設問の内容が毎回一定でないため、体系的な集計結果となりにくい。

　そこで乱暴であるが、平成 20 年度から 30 年度まで 3 回分の回答を一括し平均をとり、分類し直すと図 1.2.1 となる。分析料金・受注量など（市場・売上）を課題とする回答が最も多い。人材確保や労務管理（労務・人材）、人材の育成と教育（教育）、技術の伝承や処理能力（技術）そして精度管理（精度管理）、ISO の認定取得など（制度・システム）を課題に挙げる事業者もある。

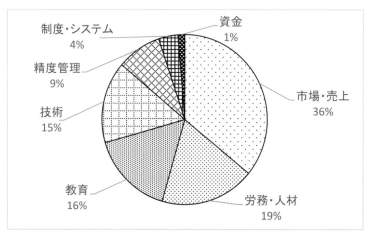

図 1.2.1　測定分析業の課題（日環協の実態調査から）

（2）計量証明事業の特徴

　測定分析業の一分野である計量証明事業は、平成 30 年度の実態調査報告書[1] にあるように 1 事業所当りの売上が 1 億 7000 万円と総じて小さく、従業員数も 25 人と小規模の企業が多い。一方大学卒以上が 7 割と従業員が高学歴の特徴がある。四半世紀前平成 6 年度（1994 年）の実態調査報告書も同様に高く、以前から状況が変わらないと判る。谷學も同様に 1995 年当時の状況を報告[2] している。それに加えて谷は、「どちらかと言えば社会的には縁の下の力持ち的に見られており、事業者もこれを受入れている」と、日本の事業者が米国と異なると指摘し、業界のあり方を模索している。一方で図 1.2.2 のとおり 1998 年に「その他の環境ビジネスの基盤となっている」[3] と述べ、産業として小規模であるがその重要なことも強調している。

図 1.2.2　　日本の環境ビジネス構造[3)]

(一部を割愛して転載)

（3）精度管理の問題

　前述のとおり事業経営の課題として挙げられてもいるが、外部から精度管理の問題を指摘する声もある。

　1997 年環境庁（当時）の飯島孝は、分析工程の各ステップが高度化・複雑化し誤差を生じる要因も多くなるため精度保証・精度管理の徹底が必要[4)] と、環境行政を担う立場から述べている。1999 年中国工業技術研究所（当時）の平田静子は、パネルディスカッションの中で事業者から得た分析結果に正確さがあるかどうかいつも疑問に思うと述べ、保証できるシステムを作るよう要望[5)] している。廃棄物資源循環学会会長であった貴田晶子は、2015 年データを使う立場から事業者を信じていいかどうか疑問を抱くデータに遭遇する[6)] と発言している。

　小規模の事業者が多く、十分な業務管理の仕組みもない測定分析業界は、当面の営業成績やそれを担う人材を上位の課題とせざるを得ない。従って実態調査報告書に見るように精度管理や制度・システムの課題を後回しにしてしまうように思う。しかし環境行政の分析が外注主体になった現在、求められるのは測定分析業の精度管理能力である。加えて近年明らかに環境行政への依存が低くなっていく業界が、他の方向に事業を展開する際、ある意味で判定基準の合否で済んだ環境測定より厳しい信頼性を求められるのは確実である[7)]。

（4）測定分析業の業務管理

　筆者（服部）は、環境計量証明の業界に入っておよそ 30 年なのだが、当初よ

り業界の品質管理(精度管理)の方法や取組みの姿勢に疑問を抱き続けてきた。調査不足もあるが、未だによく分からないところが多い。業界に共通する定型の品質管理技法があるように思えないし、それを求める活動が活発なようでもない。

　測定分析業界は、環境ビジネスの基盤であり重要な事業を担う。しかし品質管理の議論が広がりにくく今後どうすべきかの考え方、そして整えるべき業務管理の全体像も示していない。そして日常業務遂行に活用できる品質システム運用の考え方なども示していないと思う。

第2章

管理システム

2 管理システム

2.1 測定分析と健康

（1）ホームドクターの役割

　皆さんの会社では、定期的に健康診断を受診し、次ページのイラスト[8]のように検体検査（患者から採取した血液や尿、便、細胞などを調べる検査）及び生理機能検査（心電図や脳波など患者を直接調べる検査）などの検査を受けて、社員の体（体調面）の健康チェックを実施し、健康な状態で仕事や生活ができるようにしているはずである。

　忙しい仕事の合間に時間をつくり、やっとの思いで病院に出向いたのに、いきなりベットに仰向けに寝かされた上に何やら得体の知れないクリームを体につけられ、仰々しい検査機器で画像をチェックされた挙句に、「画像に影があります、精密検査を受けてください」と言われ、意気消沈したのもつかの間、血液検査の結果、コレステロールが基準値を超え、再検査の指示が医師から出された方もいるであろう。

　「一体、俺の体はどうなってしまったんだ」と大声で叫んでいないか。

　さて、この健康診断を我々測定分析業に置き換えてみる。

　我々だって、病院に負けないような、pH 計、ガスクロマトグラフィー、ICP発光分析装置などの計測機器を揃え、検定、校正、日常・定期点検を行い、お客様の工場の排水を国の基準である排水基準に照らし合わせ測定分析し、計量証明書にて結果報告している。

　また、お客様からお聞きした自主基準値を超えようものならすぐさまお客様に連絡し、工場の排水工程や作業工程のチェックをお願いするなり、作業工程で使用している原材料や薬品類の品質分析を行うなど、お客様の工場が正常に稼働し適正（健康）な状態で操業していただけるように日夜健康診断に協力している。

　検査するための分析システムを構築し、分析のためのSOP（標準作業手順書）を整備し、環境計量士を育成し、万全の体制でお客様の要望に応えられるように準備する。また、必要であれば専門的な知見をもとにお客様にアドバイスもできる。

　正に、イラストに示すように自転車の両輪である検体検査と生理機能検査を駆使しお客様の健康を守る意味において測定分析は健康診断と同じといえる。

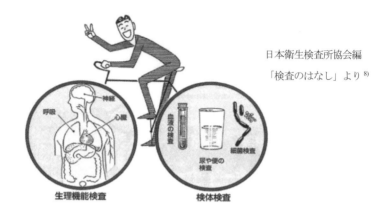

日本衛生検査所協会編
「検査のはなし」より [8]

　我々、測定分析業は医師と同じようにお客様の健康を守っているホームドクターであるはずなのに、社会的な認知度に差があり過ぎないであろうか。これは、我々の努力がまだまだ足りないからであろうか。はたまた、やっかみであろうか。

　医師は、健康診断の重要性をいろいろな機会を通して国民に宣伝しその効果を数字で示し国民に信頼される立場にいる。

　我々だって、日本の経済活動の中心にいる企業を支える重要な健康チェックを行い、証明行為を行う立場である。もっと我々の活動を世間にアピールし、社会的に貢献している存在として誇りをもって仕事に取組もうではないか。

　測定分析業は、企業の健康診断を行う中で企業の課題解決や不具合抑制を果たす役割を担っていくべきである。

（２）測定分析業の健康

　ホームドクターであるからには、組織として自らの健康（健全な事業経営）

に留意することが必要である。

　事業経営の健全さをISO等の外部認証により確認しようとする経営者の方もお見えになるが、皆さんよくご存じのISO9001（品質マネジメントシステム）やISO14001（環境マネジメントシステム）の規格は社会のニーズを把握し、リスクや機会を解析した上で事業経営を行うことを求めている。経営者であれば「そんなことは当然のことだ」と思われる要求事項である。

　ISO9001やISO14001とともに測定分析業界の皆さんにとって身近な試験所認定規格であるISO/IEC17025は、2.3.4節「試験所の品質管理システム」に述べるが、ISO9001をベースにした規格である。2015年のISO9001の規格改訂を受け、ISO/IEC17025は2017年にリスク及び機会などの考え方を取り込み、マネジメントシステムの仕組みを試験所の運用システムにも求めている。ISO/IEC17025への適合は試験所の品質マネジメントシステム及び技術的能力に対する適合性を保証している。

　我々が接する機会が多い、ISO9001、ISO14001、ISO/IEC17025は経営と一体化したマネジメントシステムを求めている。事業経営とは別物のシステムを構築し、ISOの認証（認定）を取得しても何の意味もないのである。

　ISOにはISO9004という規格がある。ISO9004は、ISO9001やISO14001のような第三者認証のための規格ではなく、指針（ガイドライン）であり、組織が自主的、自発的に高みを目指したいと考える際に活用していくと良い規格である。ISO9001は、組織の製品及びサービスの品質保証や品質管理に焦点を絞るのに対し、ISO9004は組織の品質経営に言及した規格である。ISO9004：2018は、日本語版がJISQ9004：2018（品質マネジメント－組織の品質－持続的成功を達成するための指針）として発行され、その序文に「組織が持続的に成功するためには、経営層をはじめ管理者の学習、リーダーシップが重要であり、経営層のエンジンの強さが組織の改善及び革新の達成をもたらし持続的成功に導く」とある。ISO9004は、ISO9001の品質マネジメントシステムの原則を参照しながら、組織が複雑で過酷な環境の中で持続的成功を達成するための手引きを提供する。

　ISO9004付属書Aに組織の健康状態（例えば、組織のパフォーマンス及びマネジメントシステムの成熟度）をチェックするための自己診断ツールが掲載されている。自社の経営状態（マネジメントシステム）をISO 9004を用いてチェックすれば自社の健康診断につながるであろう。

　　　　　　　　2.1　分析検査と健康

2.2　測定分析の業務工程

　ISO9001 は、品質マネジメントシステムを構築し運用する際に、プロセスア
プローチの考え方を取り入れている。そのプロセスの考え方を、JISQ9001:2015
「図 1–単一プロセスの要素の図示」[9]を参考に、図 2.2.1 に示す。

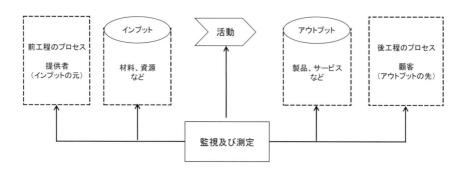

図 2.2.1　プロセスアプローチの考え方

　このプロセスアプローチの考え方を組織に当てはめると、組織の品質方針及
び戦略的な方向性に従って意図した結果を達成するため、各々のプロセス及び
その相互作用を体系的に定義し、マネジメントすることになる。具体的には、
経営方針や事業計画にもとづき、日常業務（事業プロセス）の中で、目標・運用
管理、監視測定、内部監査、マネジメントレビューなど PDCA を回しながら、事
業成果（業績）を出していくことになる。
　ISO9001 のプロセスの考え方を事業経営のマネジメントシステムとして捉え
た場合、図 2.2.2 のようなタートル図となる。
　この考え方をもとに測定分析業における事業プロセスの事例を次に示す。図
2.2.3 は、模式的に示した測定分析業の業務のプロセスフロー（業務工程）であ
る。測定分析業務は、中央の測定分析の手順、主に「受注—サンプリング—分
析・測定—報告（報告書作成と納品）」に従う業務と、それらに付随する業務と
から構成される。
　分析・測定は、単に図 2.2.3 の「分析・測定」だけを頭に描く、又は広く捉え
ても「サンプリング」から「報告」までと理解する方が多いと思う。しかし事業
として行う場合、図にある「受注と計画」から始まり「輸送・納品」に終わる工
程を経た一連の業務のほかに、周囲に描かれた「人事管理」から「環境」の付随

業務を含む広範囲の要素からなる事業であり、それが測定分析業といえる。

　事業として、図に描かれた各々の要素が有機的に連結され効率的に運用されねばならない。そのためにそれぞれの要素の業務をどう考え、どう動かせばよいか、総合的な管理の仕組みをどう構築し運用するかを考えねばならない。それは、システムとしての事業運用、事業経営そのものである。そして測定分析業界のそれは、精度管理が主体となる業務管理ほかを含む仕組みであろう。測定分析業が備えねばならないこの仕組みについて、第3章以降に提案をしていきたい。その前に先ず、次節 2.3 節で測定分析業そして精度管理と品質管理の関わりをみていく。

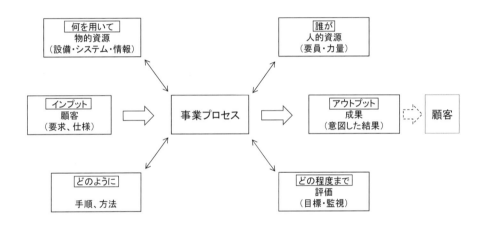

図 2.2.2　タートル図

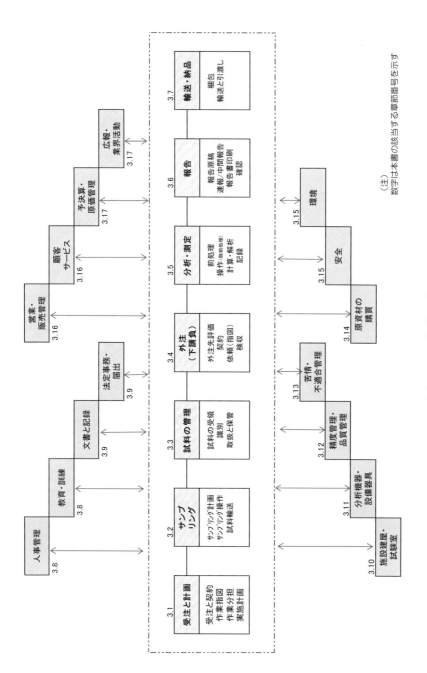

図2.2.3　業務工程[10]

2.3　測定分析業と品質管理の関わり

本節は、測定分析業と精度管理そして品質管理の関わりを論じる。具体的な事例として、臨床検査業界や環境計量証明業界の精度管理の仕組みを挙げ、測定分析業の精度管理と品質管理について考える。

2.3.1　精度管理と品質管理

品質管理について、1999 年に廃止された「JISZ8101：1981, 品質管理用語」は、「品質管理とは、買手の要求に合った品質の品物またはサービスを経済的に作り出すための手段の体系」と定義していた。そして「JISQ9000：2015, 品質マネジメントシステム―基本及び用語」は、「品質管理」を「品質要求事項が満たされるという確信を与えることに焦点を合わせた品質マネジメント（品質に関するマネジメント）の一部」と定義する。

さて測定分析業界で使われる精度管理と品質管理について考えたい。いずれも英語では Quality Control とする場合が多い。従って二つの語は同義であり、一方の品質管理を製造業が用いるのに対して、他方の精度管理を測定分析業界が専ら使う。欧米において Quality Control は「品質要求事項を満たすための品質技法」の意味であり、日本の品質管理より狭く捉えられている。日本の品質管理を英語にするなら、Quality Management とされる [11]。

品質管理の起源は 1928 年のシューハートの管理図そしてダッジとロミッグによる統計的抜取検査の原理の考案による。日本の品質管理は、ご存知のとおりアメリカから戦後にもたらされた統計的品質管理を発端とする。製造業を中心に導入された手法は、統計的品質管理から品質管理に、そして全社的品質管理（TQC、CWQC：total quality control/company wide quality control）に至って日本製品の優秀さの基盤となった。石川馨の示す通り、顧客の要求を満たす商品を作るため品質管理を行い、その基本姿勢は全ての質（製品とサービスの質、人の質）の管理であった [12]。

測定分析業界では、前述のとおり「品質管理」より「精度管理」が多用される。その用語「精度管理」は、前述のように品質管理と同義と考えられるが、業界外でも当初から測定分析の分野に用いられているようである。それはどちらかというといわゆる品質管理でなく、データの精度を管理する意味合いに受けとれる [13] [14]。一方臨床検査業界にも水道水質検査業界にも同じ精度管理の概念があり現在も使われている。環境計量証明業界、臨床検査業界、水道水質検査

業界いずれも、測定分析のデータの管理手法を示す。1987年の雑誌対談に臨床検査の精度管理の対象は「測定・分析に関する部分だけである」とし、「全体のプロセスの管理はできていません」の発言がある[15]。

従って精度管理と品質管理は、同じ英語 Quality Control とされ基本的に同義に用いられる場合もあるが、実際の使い方として異なる概念と捉えておくのが良い。精度管理は、本節冒頭の品質管理と異なりデータの精度を専ら管理する行為である。

2.3.2 TQC（全社的品質管理）

2.3.1節のとおりよく知られている歴史であるが、デミング博士らが戦後製造業に統計的品質管理をもたらし、それが高度成長期を通して日本の産業の発展に繋がる強みとなった。

そして日本の製造業は、アメリカに学んだ検査重点主義の品質管理を、検査の要らないほど良い品質とするつまり工程で品質を作り込む工程管理重点主義に変え[16]、日本製品の品質を上げる原動力にした。QC サークルなどによる現場を巻き込むいわゆる全社的品質管理を構築した。

その仕組みは後に TQC（total quality control ただし実際の概念は companywide quality control）といわれ、製造業だけでなくサービス業にも導入する企業が現れた。TQC の実施賞であるデミング賞は、トヨタ自動車、デンソー、アイシン精機、富士ゼロックス、田辺製薬、日本電気、小松製作所など日本のトップ企業が挑戦し受賞している。

ただし1990年以降、ISO9000 などが国際的な標準となるに伴い、TQC の活動は、その仕組みが分かりにくいことそして国際化に対応できなかったことなどが要因となって下火になる。TQC は本来の目的である製品の品質活動から逸脱し、後に人質管理と言われるまで変化していた。外資企業である日本 IBM も1984年 TQC を導入しようとしたが、その後中止する。「一種の宗教」と気づいた当時の社長椎名武雄が中止を決断したと徳丸壮也は述べている[17]。

いずれにせよ ISO の規格は、多くの企業が実際に基準文書を適用すれば運用可能になる事実を示した。そのため TQC は、国際的な取引が多くなった現在、ほかの理由もあるが基準文書がなく適用が難しいため、衰退してしまった。要するに ISO のルールは明確だが、TQC のルールはよくわからない。

TQC のマニュアルができていないのは、一般モデルを示すより先ず仮のシステムを組みその後に現れる不備を組織の実情にあわせ改善する方法が現実的と

する考え方に由来する[18]。そしてISOと同様に形式化[19]するリスクもある。

TQCの教祖の一人である東京大学教授石川馨自身の、そしてその薫陶を受けた久米均、藤森利美の連載記事が、環境計量証明事業者の全国組織の機関誌「環境と測定分析」の創刊当初に掲載されている[20][21][22]。TQCを生み出した東京大学工学部反応化学科とも少なからず関わりがあったであろうに、環境計量証明業界はなぜかTQCに進まず、精度管理に留まってしまった。

2.3.3　臨床検査の精度管理

環境測定分析業と同様な業界に臨床検査業界がある。生命と直結しその信頼性が重要な要素となる臨床検査は、求められる精度が測定分析より厳しい。三宅一徳[23]は、

> 臨床検査業界は、1950～60年代に統計的精度管理を導入し、独自の管理手法の開発と分析技術の改善により分析精度が向上していった。その後臨床検査全工程が関わる総合的精度管理の考え方へと進み、1980年代以降医療システム全体が効率性を重視した構造へと再構築され、成績保証を効果的・効率的に行う管理運用戦略を含めた精度マネジメント（quality management: QM）の概念に集約された

と述べ、臨床検査の質保証システムを図2.3.1のように要約している。

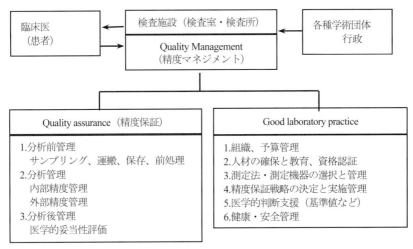

図2.3.1　臨床検査の質保証システム[23]

（図は一部を割愛して転載）

臨床検査分野の、管理図をはじめとする統計的手法を用いた精度管理の方法は、多くの書籍に紹介され、例えば大澤進、深津俊明ら著「臨床検査学講座　検査管理総論」に詳しい。更に1990年代後半の雑誌「臨床検査」に、精度管理手法の紹介記事が特集などにより紹介されている。

　それらからすると、臨床検査業界の精度管理は2000年までに浸透していたと考えられる。そして2003年に制定された国際規格「ISO 15189：臨床検査室-品質と能力に関する特定要求事項」への対応も円滑にされたようである。公益財団法人日本適合性認定協会のリストに、2020年5月現在215の認定された臨床検査室がある。

2.3.4　試験所の品質管理システム

　組織の製品及びサービスの品質保証や品質管理の規格としてISO9001があるが、同じISOでも、国際的な試験所の認定規格であるISO/IEC17025は、試験所に必要な要件、

　　①品質システムの運営

　　②技術的な適格性

　　③妥当な結果を出す技術的能力の規定

を全て含む（図2.3.2）。このISO/IEC17025規格の認定証を持つ試験所は、上記の要求事項を満たし、特定の試験業務を遂行する能力があると認められたことを意味する。

　ISO/IEC17025の品質システムは、サンプリングから前処理、測定、報告書作成に至る測定分析業務を中心に、試料採取と管理、施設・環境管理、SOPの管理、校正管理、装置と標準の管理、報告書発行管理及び教育訓練と品質保証の要素からなる。

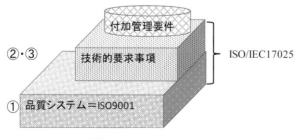

②・③

技術的要求事項

付加管理要件

① 品質システム＝ISO9001

ISO/IEC17025

図2.3.2　ISO/IEC17025

認定制度は、試験所に信頼性を付与するのが大きな社会的な役割である。品質保証を含む品質システムの運用は、ISO9001、ISO14001同様、第三者による定期的監査（審査）が必要である。ある機関が所定の職務を果たす能力のあること、即ち規格要求事項に加え適正な試験をする能力の有無が審査される。また一旦認定した試験所に定期的なサーベイランス（監視：定期審査）を実施し、継続してその運用状況を観察する。これにより試験所は、マネジメントシステム又は技術システムを整備でき、データの最終的な利用者に信頼性を担保できる。[24)25)26)27)28)29)30)31)]

　ISO/IEC17025は、規定に従えば品質管理システムを構築できる利点がある一方、外部品質保証であるのに注意しなければならない。国際的な取引に付随する試験業務に有効な品質管理システムである。しかし品質管理の運用を文書や記録による証拠として示さざるを得ず、形式的な側面及び運用者に不要な部分を生じること、基本的に欧米由来のトップダウンのシステムであることに注意が要る。つまりこのシステムを構築すれば、その企業が望むそして企業に必要な品質管理の仕組みが確立されるのでなく、外部から品質管理が確認できる仕組みがその企業にあると認識されるにすぎない。認定を受けた試験所が感じている、形式的品質管理そして内部に不要な書類を作る品質管理となりがちである。

　ISO/IEC17025の認定は、測定分析結果の精度でなく、測定分析の仕組みを審査する。システムそれ自身が基準に合致しているかどうかの評価であり、測定分析結果や業績の評価ではない。独立した管理機能が特徴であり、本来計画、実施、検証を分離しなければならない[32)]。測定分析業のみならず日本の企業にとってこの原則が適用しにくい。従って単なる取得だけでは、原理的に測定分析結果の精度向上に繋がらない[33)]。

2.3.5　環境計量証明業の精度管理
（1）信頼性確保の課題
　前述の環境計量証明事業者の全国組織である、日本環境測定分析協会の機関誌「環境と測定技術」に掲載された精度管理の関連記事を、創刊当時から辿ってみる。ちなみにその機関誌は、設立年の1974年だけ「日環協ニュース」としていた。

　日環協は、当時の通産省機械情報産業局計量課の呼びかけが設立のきっかけである。全国組織を作る際に提起された「分析センター」の問題点の一つが「第

三者が見た時信頼されているのか」であった[34]。日環協の設立趣意書に「測定分析は、高度の技術と熟練を要するものであるため、その技術の確立は、社会的信頼の確保のために必須の要件であります」とある[35]。そして1975年の計量法改正は、一つが環境計量証明事業者の事業登録制の導入であり、通商産業省機械情報産業局（当時）が「現在、これら環境計量証明事業者は何らの法的規制を受けていないが、その計測能力の向上及び信頼性の確保を図るためには、計量法上計量証明事業の一形態として規制を加えるのが適当である」を理由に挙げている[36]。更に環境庁（当時）の資料「環境測定分析資料」は、「委託分析においては、結果について何らかの疑点を生ずることが多い」としている[37]。

　このように環境計量証明事業は、既に信頼性が活動開始当初の課題となっていた。当時の記事を大雑把に分類すると、共同実験及び分析精度そして計量法などの法規制について多く報告されている。精度管理に関する記事の数は、その後1995年にかけて減少傾向となるが、2000年以降再び増加しISO9000やISO/IEC17025そしてMLAPなどの品質管理システムの紹介記事などが多くなる。

（2）精度管理の変遷

　会員の状況について紹介する「事業所訪問」の記事が1993年から2010年迄「環境と測定技術」に掲載された。会員事業所などを協会の担当者が訪ね、その活動状況について取材し報告している。1995年までの23事業所の訪問記事をまとめ、「社内の精度管理は、転記ミスの防止及び異常値の検討に主眼が置かれ、殆どの事業所が分析担当者、環境計量士、営業・業務担当者による三段階チェック方式を採用」としている[38]。加えて「ブラインドサンプルや標準添加などを利用して精度管理に苦心している事業所もある」[38]と報告された。一方谷學もその当時1998年の記事[39]の中で、「事業所の80％がクロスチェック分析により分析結果の妥当性をチェックしている」としている。

　日環協の「平成10年度（1998）環境計量証明事業者の実態調査報告書」に、「半数以上の事業所は、社内の精度管理状況把握が技能試験参加の理由」とした記述がある。ISO9000とISO/IEC17025の認証又は認定取得はそれぞれ3割強及び5％弱に留まる。愛知県環境測定分析協会の「平成8年度（1996）愛知県における環境計量証明事業所の精度管理実態調査報告書」[40]は、会員が環境庁及び協会などの実施するクロスチェックそして社内の独自クロスチェックを利用し精度管理を実施する状況を報告している。

　このように1990年代当時の会員は、クロスチェックと環境計量士によるチェ

ックを利用し精度管理を実施していたと考えられる。

　一旦終了した「環境と測定技術」の事業所訪問記事は、再び断続的に2010年まで続き、再開後に82事業所を訪ねている。その記事にある精度管理の記述を基に、MLAPが計量法に導入された2000年を境界として分類したのが図2.3.3である。無論インタビューの中で精度管理の方法が詳細に説明されているのではない。しかし精度管理について問われた際、重点を置き実施している方法が返答とされるであろうから、何を主体として精度管理を行おうとしているかが読み取れると考える。すると、図に示されるように1999年迄計量法の仕組みの中でクロスチェックと技能試験、環境計量士による確認及び分析対象を限定したマニュアル等の手法により精度を確保していたが、2000年以降品質管理システムを利用した手法に切り替えられていることが読み取れる。計量士の確認や過去のデータ比較が中止されると考えられないので、品質管理システムによる手法が従前の方法に加えられたとみてよい。

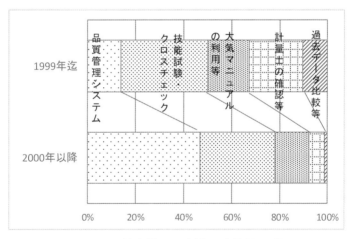

図2.3.3　精度管理の方法と実施状況 [41)]

　前述の日環協平成10年度実態調査報告書の10年後に実施された同様の報告「平成20年度環境計量証明事業者の実態調査報告書」[42)] は、内部精度管理の取り組み状況の調査が追加され、定期的に二重測定をする事業所が3割、精度管理用試料を用いて管理図を描く事業所が1割あると報告された。なお半数以上の事業所が技能試験に参加しており、それは10年前と大きく変わらない。

ISO9000 及び ISO/IEC17025 の取得会員数は、それぞれおよそ 5 割及び 1 割に増
加した。従って会員は前述の通り、2000 年以降従来通り技能試験を利用しつつ
計量士の確認などの方法に加え、当時日本に紹介されつつあった品質管理システ
テムを導入し、内部精度管理を強化して精度管理を一層進めてきたとみられる。

（3）使命と現状

　環境計量証明事業は、使命が正確なデータを提供することにある。正確なデ
ータを提供するため、機器管理や試薬管理等の管理を行い、間違ったデータを
外に出さない仕組みと、そのデータが常に正しいことを客観的な証拠により証
明する仕組みが要る。

　製造業と比較しても、臨床検査業に比べても、環境計量証明事業の精度管理
の取り組みは遅れていた。前述のように 2000 年前後に ISO9000 又は
ISO/IEC17025 が国内で話題になって以降、やっと重い腰を上げようとしたにす
ぎない。それまで計量法の規定及びクロスチェックや環境計量士による確認な
どの方法を利用するだけで、組織一体として精度管理の仕組みを整えてこなか
った。図 2.3.3 のように環境計量証明事業が品質システムを利用し始めたのは
2000 年以降 [41] である。

　しかし環境計量証明事業は、いまだにその精度管理の重要さを十分に理解し
ていないように思える。その使命が正確なデータの提供であるなら、精度管理
の具体的な系統だった方法論があってもよい。計量法で担保できない計量証明
業の品質は、ISO/IEC17025 の仕組みを加え保証してもよい。ところが 2.3.4 節に
述べた通り ISO/IEC 17025 は、システムの評価であり測定分析結果や業績の評
価とならない。計量法に ISO の仕組みを加えても十分でない。

　従ってどうしたら精度の良いデータを提供できるか、精度を確保するための確
認をどうするか、できるだけ手間をかけずに如何に効果的に行うかの仕組みの
構築は、環境計量証明事業の技量でありノウハウとなるはずである。

　規格を利用し始めたと言っても現在の状況で ISO/IEC17025 に多くの人は関心
を持っていない。日環協の平成 30 年度環境計量証明事業者の実態調査報告書 [43]
でも事業所の 19%が ISO/IEC 17025 規格の認定を取得したにすぎない。

　精度管理は環境行政にも繋がる。宮川正孝氏は、行政が信頼性の高いデータを
求める理由として、「行政は、最近測定分析を分析会社に委託を進めている。法の
直罰規定から、測定分析の結果次第で行政処分が行われる可能性がある。仮に不
正確なデータで行政が処分を行ったら、大変な問題になる。また継続して取られ

ている環境データは、1回の不正確なデータが大きな影響を及ぼす。今後進められる環境政策や環境行政の判断に影響する場合もある。」[44]と述べている。

　その宮川氏の報告を受けて日環協関東支部が同じ2007年6月にパネルディスカッションを行っている。しかしその議論は、精確なデータが必要と意見が一致したものの、何をすべきかの結論に至っていない。愛環協が2014年に行ったパネルディスカッション[45]でも、精度管理は共同実験でござると公開の席で堂々と言われてしまう状況である。繰り返すようだが2000年ごろ国際的な試験所の規格や品質システムが国内に浸透して以降、主な事業所は内部・外部精度管理を多かれ少なかれ導入してきた。しかし品質管理が遅れ未だに計量法に依存する計量証明業界の欠陥は改善されていないと言えよう。

（4）精度管理の展開

　久代勝氏は、将来生き残れる分析会社について、「アメリカで冷戦終結後に防衛関係の仕事が急減し、またカナダの企業がダイオキシン類の分析に安値参入したこと等により、1995年ごろ、価格暴落が起こり、アメリカの分析業界のシェア競争が激化した。その結果、企業合併、企業買収、倒産等が進み、当時約1400社存在していた環境測定分析会社が半減する大変ドラスチックな変化が起こった。その時、厳しい状況の中で品質管理や自動分析に集中投資した会社は生き残り、価格競争のみで対応しようとした会社は品質とサービスを維持できず消滅した。最終的に、品質の高い会社のみが生き残った事実がある。日本においても長い目で見て、やはり高い品質を保持し得る信頼性の高い会社が生き残るのは間違いない」[46]と2002年に述べている。

　精度管理の仕組みが確立しているようだが展開もされていない理由は、一つが計量法に依存し計量証明書など商品の様式まで決められてしまって料金を除く競争が行われない環境にある。そしてもう一つが公定法に依存しその通りの実施を求められるので、商品作成（測定分析）の方法開発や業務管理の仕組み開発が不要となり、工程に発生する問題を改善の機会と捉え難い状況にあるのではないか。無論そうでなければ法規制ができないのである面仕方がないが、現状にどっぷりつかり環境計量証明事業が責任と進歩を放棄したと、筆者（服部）には見えてしまう。

2.3.6 測定分析業の管理システム

　精度管理は、顧客の要求を満足させる精度の測定分析結果を、適正な料金で提供するのを目的とする。そうであれば尚更「精度管理」に留まらず効果的効率的な「品質管理」を構築すべきであろう。顧客の要望を十分把握しそれを測定分析結果に反映させる能力こそが競争優位を保つ。この能力を向上させる管理の仕組みを構築すべきである。

　測定分析の品質は、顧客の要求に適合するように精度、方法、料金が検討され、提供されなければならない。もしその要求に対して現状が準備・対応できないとすれば、別に何らかの対応可能な手段を用意する能力つまり創造力、適応力が備わっていないと事業として発展していけない。

表 2.3.1　管理システム

	測定分析業	製造業
商品	データ (報告書)	製品
仕様	曖昧	詳細
成果物	抽象的	具体的
検査	困難	容易

　測定分析業の管理システムを製造業と比較すると表 2.3.1 となる。測定分析業は、製品でなく測定分析の結果に責任を負う。観光業など多くのサービス業と同様、商品の仕様が曖昧なだけに事前の期待と事後の評価が乖離しないような管理を求められる。環境法の適否判断など顧客が単にデータを得る測定分析を依頼する場合、そして顧客に在る何らかの問題を解決するため測定分析を依頼する場合、それぞれ対応を変えねばならない。後者は、数字だけを報告しても顧客の満足を得られない。顧客の要求事項の把握が重要であり、それを達成するため関係する工程全ての管理が要る。営業が顧客の要求を十分把握したとしても、報告書作成者にその目的が伝達されていなければ、顧客の目的が達成不十分となる。分析項目が同じでも、顧客それぞれの要求つまり付加事項がつきオーダーメイドの商品になっていく。一つとして同じ商品は無いと考えられる。それらを満足させ得る仕組みを準備したい。それは品質管理であり事業の全体を管理する業務管理の仕組みである。

信頼性(要求品質を満たすこと)に関して製造業と異なる点がもう一つある。先ず製造業などは、製品の検査を直接行い品質や検査の合否を判定する。例えば、紙容器詰め牛乳は、風袋抜きの牛乳の容量を直接計量すれば、容器表示の正味容量が充填されているかどうか検査でき製品の合否を判定できる。

　一方測定分析業は、分析結果の合否を直接判断できない。報告書に記載された分析結果の数値が正しいかどうかは、その数値を検査しても確認できない。分析業の場合、信頼性（精確さつまり分析業務の品質）は、製造業のように製品を検査するのでなく、実施した作業手順が、妥当性の確認された方法に適合しているか逸脱しているかを監視し、確認する。つまり一定の信頼性が保証された方法に従い分析を行い、顧客に提供するデータの信頼性を担保する。更に内部精度管理による品質管理も加え、問題を未然に防ぐ仕組みを作り品質を保証する。

　従って直接検査できない分析結果は、その結果を得るまで実施した手順を示す証拠及び間接的に品質を確認した証拠を揃えておき、信頼性を確保する。分析結果の信頼性に関わる要因を管理して記録を残し分析の工程を管理し、内部精度管理を行いその結果を記録して統計的な判断を加え、それらに基づきデータの品質を判断する。

第3章

測定分析業の業務管理

3 測定分析業の業務管理

　前述のように測定分析事業は、図 2.2.3 の要素を有機的に連結し効率的に運用しなければならない。品質管理の点からしても、顧客から求められた精確さを測定分析に実現するため、受注、サンプリングから試料分取、前処理、測定分析、解析、それに加え試薬、使用する器具装置、分析室及び環境などすべての要素を管理しなければならない。要素毎にそれぞれの要素の業務をどう考え、どう動かせばよいか、総合的な管理の仕組みをどう備え運用するか、その仕組みが要る。

　2.2 節「測定分析の業務工程」に、測定分析業が備えねばならない仕組みについて第 3 章に提案をしたいと述べた。第 3 章は、図 2.2.3 業務工程に従い、現場で発生している課題を具体的に示しながらその対応策と仕組みを提案する。

3.1　受注と計画

　本節は、事例を引用し測定分析業における業務管理として、出口側の検査業務の強化より入口側の受注時のチェックに重点を置くのが重要と示す。

3.1.1　受付作業

【情景 3.1.1】

　ある測定分析会社における受付作業の一コマである。

　社員Ａ：おい、昨日受付けた○○会社からの分析依頼の内容がよくわからないな。B君が受付けたと記録されているけど、B君、これどういう依頼だ。

　社員Ｂ：はい、工場排水のＢＯＤを分析してほしいとのことでしたので、依頼書の様式に従ってお客様に、依頼者名、依頼者住所、試料名、採取年月日、採取場所、分析項目などを記載していただきました。

　社員Ａ：うん、まあ一応記載されているけど、このお客様は先週も定例でもないのに工場排水のＢＯＤの分析依頼があり、結果報告したばかりだぞ。こんな短期間で連続して分析するのは何か理由があるんじゃないか。B君、お客様と何か話をしなかったか。

　社員Ｂ：そう言えば、なんだかＢＯＤの結果が自社基準値を超えたとか仰ってました。

　社員Ａ：営業担当者から何か情報聞いていないか。

　社員Ｂ：いや、確認していません。

通常の手順通り、受付したつもりですが何が問題でしたでしょうか。

社員Ａ：法令にもとづいた分析依頼であれば、これだけ短期間に繰り返しの分析依頼はない。定期的な水質検査をいつもご依頼いただいている我々としてはこうした変化に気づかなければいけない。あのお客様の会社は、排水処理施設をお持ちだ。何か排水処理工程でトラブルが発生している可能性がある。

トラブル発生時には、ただ単に依頼された分析を実施するだけでなく、トラブルの原因究明及び対策のアドバイスを行うのも定期的に検査依頼を受けている我々の役目だ。

お客様のお困りごとをうまく聞き出したりすることも受付窓口業務を担当する我々の仕事だ。

お客様との信頼関係がなければトラブル相談をしていただけない。恐らく、お客様はＢ君にどこまで話したらよいのか迷われたはずだ。Ｂ君、直ちにお客様の最近の分析結果を一覧にまとめてくれ。営業担当にその一覧を持たせ、お客様のところに出向かせる。必要であれば、調査担当や分析担当を同行させる。

社員Ｂ：はい、わかりました。私も同行します。

　お客様の要求事項を如何に聞き出し、的確に判断できるか、受付作業を担当する部署の責任は大変重要である。法的要求事項にもとづいた定期的な分析の場合と情景 3.1.1 のようなトラブル発生時ではその対応が大きく異なる。その重要性からお客様の電話対応や窓口受付対応を行う部署に環境計量士やベテラン社員を配置する測定分析会社もあるようだ。測定分析会社にとって、受付は非常に重要な部署であるといえる。

```
ポイント３：
　お客様との信頼関係は、入口側（問合せ、引合い、窓口受付）の対応
　で決まる
```

そこで測定分析会社の受注に関する業務管理について考えてみる。

3.1.2　受注と要求事項の確認

　2.3.6 節「測定分析業の管理システム」で測定分析業は仕様が曖昧であるとしたが、先ず関連する受注と顧客要求事項の重要性について示す。

（1）要求事項の確認と受注

　顧客から分析を依頼される場合、
　①試料の採取即ちサンプリングを含む依頼を受ける場合
　②試料が搬入され又は訪問した営業担当者に手渡されて、依頼を受ける場合の二つがある。

表 3.1.1　顧客の要求事項の確認

確認する要求事項	確　認　の　例
サンプリング	試料採取の場所、位置、日時など
試　料	試料の量、種類、容器、保存、保管、返却、廃棄方法等
納期	納期、速報の納期
分析項目	鉛、鉄など
分析方法・内容	環境省告示法、JIS 法など、必要な標準試料
結果の精度	定量下限、精度、有効数字等
料金	見積仕様書

　いずれにせよ先ず確認しなければならないことは、分析の「目的」であり、そのほかの求められた内容を表 3.1.1 のように記録し整理する。目的そして試料の経緯や採取時の状況そして性状などは、当然依頼者である顧客が情報を把握しているので、分析を受ける際に必要な情報を顧客から入手しておく。この受注時に確認した顧客の求める内容を、分析の実施者そして報告書作成などの事務担当者をはじめとする関係者すべてに正確に伝達し情報を共有すれば、要求に従い実行された分析結果を確実に提供できる。

　一方顧客の多くは分析の知識を十分に持ち合わせていない場合もあるため、必要な情報の提供を専門家である分析会社に求めざるを得ない。顧客の要求は、専門家から見れば不十分な要求であると判断されることも多い。故に目的に応じた分析の条件や方法、分析精度、法規制、納期について必要な情報を、受注者の責任として提供しなければならない。それらの内容は、受注者の提供できる

31

情報として、必ず知っておかねばならないし、提供できる情報（一例は 3.17.3(1) 節参照）が準備されていなければならない。要求事項の確認と受注は、専門家である分析会社が、精度、料金、納期を考慮したうえで最良の方法を示す活動と言える。そしてそれは顧客が目的を達成するため大変重要である。

（２）納期

納期は分析条件など方法により限定される場合もあるが、その時点の受注状況によるなど業務の混雑の程度からも影響を受ける。

納期遅れの原因は、図 3.1.1 のとおり分析業務の遅れが最も多く四分の三を占める。分析業務の遅れは、操作の誤りや分析失敗による再分析が原因の場合もあるが、業務の集中による遅れが多い。受注時期による分析の標準納期を統計的に求め、受注の参考にするとよい。なおある分析分野の納期を示す図 3.1.2 は、7 割が報告書を 10 日以内に納品しているが、20 日を超える場合もある。前処理に時間を要する試料などのため納期は、ある幅を生じるのが普通であり、受注活動にこうした基本情報が参考になる。

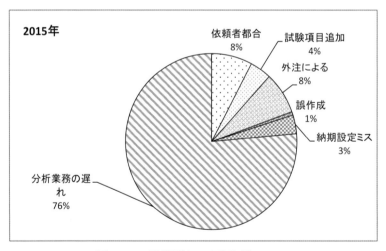

図 3.1.1　納期遅れの原因 [10]

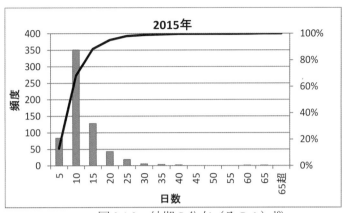

図 3.1.2　納期の分布（その 1）[10]

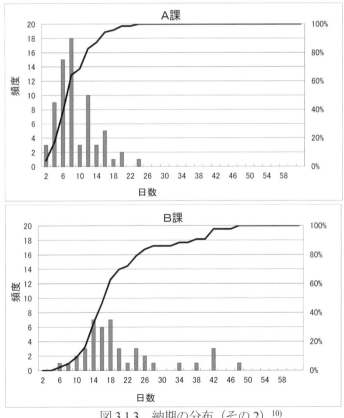

図 3.1.3　納期の分布（その 2）[10]

図 3.1.3 は二つの測定分析部署のある月に受注した測定分析の納品日数分布を示す。それぞれの担当業務の違いを考慮しても、A 課と B 課を比較すると、後者の測定分析の総数（頻度）が少ないにも関わらず納期が長くかつ分布の幅が広い。明らかに B 課に問題が潜むのが判る。原因を突き止め対策を講じなければならない。こうした納期遅れの原因解析や納品日数分布を材料に、納期短縮の改善活動を進めていくのがよい。

　リーダー層は定期的に自身が担当する業務の納期の推移を把握しておかねばならない。管理職は、その把握と問題提起を行わせ、報告された内容を判断する。

（3）受付と能力確認

　受付時の作業、先ず

① 「依頼者の目的を十分聞き取り、その目的を具体的に記述し依頼者の確認を得たうえで、測定分析担当者ほか関係者全てに伝える」作業は、経験を積まないと難しい。更に

② 「その目的を達成するため実施すべきことつまり必要作業及び順序と条件を把握」するのもかなり高度な作業である。そして

③ その「実施すべきこと」の与える負荷が関係部署の耐え得る範囲か、精度など技術的要求に十分応えうるレベルかなど能力有無確認

も同様の作業と考えられる。この①〜③の三つの作業を受付時に行い、受注可否を判断し指図の基礎となる計画を作成しなければならない。専ら管理職（計量管理者等）の業務と言えよう。

　なお前述の三つの作業に関連して述べる。三番目の能力有無確認について、依頼された目的に対応可能な設備、技術、要員（資格）の確保、コスト及び経営上のリスクの有無を検討し確認できる仕組みが要る。更に担当する管理職（計量管理者等）は、それらを的確に判断できる能力と経験を備えなければならない。

　従ってそうした受付業務は、測定分析事業の立派な一つの単位業務であり、営業と技術に重なる業務でもある。多忙な管理職（計量管理者等）を支え権限を委譲された受付担当の専門部署があってよいと考えられる。

　本筋と外れるが顧客との接点の一つである電話交換は、一般的に総務課の女性社員などが担当するが、総務でなくその専門部署に行わせ、併せて受付業務及び電話による問い合わせにも対応させれば転送などが不要になり能率が上がり、より顧客本位の対応が可能になる。顧客が何を求めているのかうまく聞き出し、その目的達成のため必要なこと及び注意すべき点を知っていれば、短時

間に対応できる。それは一つの能力であり、何もせずに身に付くものでない。顧客の要求は一律的でなく一人一人、一社一社異なる。それに応えられるようにするため、社内のどこにどんな技術があるかを知っていなければならない。顧客にとって受付の対応が全てであり評価となる。

　寄り道が長くなってしまうが、昨今課題となっている定年延長による再雇用者について述べると、再雇用者の従事できる業務の一つがその受付業務であり、もう一つ考えられるのが報告書の確認業務つまり最終検査である。勿論その人の能力や適性により従事可能かどうか判断しなければならない。再雇用者だからと言って経験の偏った又は能力の高くない人に受付業務を担当させても、最悪の場合 "たらいまわし" するだけで効果は得られない。能力のある経験者を当てねばならない。加えて受付業務の部署を置く効果を得るため、受付判断能力維持に測定分析部署及び営業部署と定期的な情報交換の仕組みが必要であろう。こうした枠組みは経営層が用意するのが適切である。

3.1.3　指図及び分担と実施計画
（1）目的の共有
　計画や指図は重要である。人は間違いをするものであり、失敗しない人間はいない。いかに組織全体として体系的、科学的に失敗を防ぐかが問われる[47]。依頼者は、実施しようとしている測定分析に必ず目的を設け、その目的を達成するために依頼する。繰り返すようだがその目的を理解し目的達成の手段を適切に選び、更に測定分析担当者だけでなく、関係する全ての者が理解し共有化することが、依頼者の目的達成に繋がる。打合せなどが困難で直接伝達できない場合でも、少なくともその測定分析を示す指図書等の帳票に明確に記載しておかねばならない。なおここで言う指図書は、分析班（者）に実施すべき測定分析の内容を伝える、即ち指図するための書類をいう。筆者らの勤務先の呼称「依頼書」、「分析依頼書」などが、業界の一般的な呼称かも知れない。生産管理又は製造業の個別注文生産に用いるいわゆる「製造指図書」と同じ書類と捉えてよい。
（2）計画と指図
　測定分析の不適合は、図 3.1.4 のように図 2.2.3 に示す工程の一つ「受注と計画」から発生する割合が高い。そしてそのうち半分以上が「作業指図」から発生する。つまり業務の入り口、受注時の処理が正確に行われないと目的が達成されない可能性が高くなる。受注時の指図に加え、それに従った測定分析業務の

計画に手落ちがある場合、表 3.1.2 のような不適合を招く。

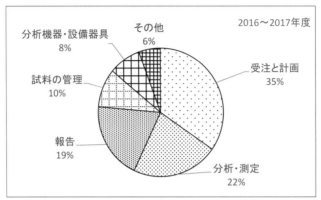

図 3.1.4　不適合の発生 [10]

　目的を達成するため実施すべきことつまり必要作業及び順序と条件を把握して、計画をたてる。例えば排水の法定分析が目的であれば、依頼者に適用される項目そしてその分析方法、排水基準、そしてサンプリングを求められる場合試料の採取場所、採取方法、採取試料の取扱いなどを知らないと計画がたてられない。土壌汚染状況調査であれば、調査の対象地の履歴と状況、適用法令、対象となる特定有害物質及びその調査方法などを、現地に行くなどして確認しておかないと計画を作れない。

表 3.1.2　計画や指図の杜撰さから生じた不適合の例

・所定の日時、場所でサンプリングを実施しなかった
・サンプリング後、現場で行うべき前処理を実施しなかった
・サンプリングのデータを取り忘れた
・必要な機材を持参しなかった
・分析の着手が遅れた
・指定と異なる分析方法で実施した
・機器の整備がされていなかった

表 3.1.3　分析の処理状況 [10)]

	1 月	2 月	3 月	4 月	5 月	6 月
処理試料数[*1] （個／月）	204	242	298	251	243	326
受注件数 （件／月）	34	65	79	71	52	86
平均時間外 （h／人月）	8.3	16.3	38.1	32.1	13.7	26.9
工数 （人／月）[*2]	6.42 (5)	6.53 (5)	7.43 (6)	7.15 (6)	6.57 (6)	6.92 (6)

*1：組試料の場合一組を 1 個　　　*2：表体の括弧内は実社員数

　計画は、測定分析や調査などの日程計画、人員計画、設備計画、更に原価計
算も含まれる。必要な工数が求められねばならない。計画をたてるには、例えば
測定分析などを実行するチームの負荷が判っているとよい。例えば表 3.1.3 のよ
うに現状の負荷が求められていると都合がよい。更に利用する設備の稼働率も
把握する。一例を図 3.1.5 に示す。それらを勘案して計画を立てるのが、管理職
の業務である。効率的にかつ利益を上げるため、そして表 3.1.2 のような不適合
を発生させないためにも、この管理職が行う業務は大変重要である。

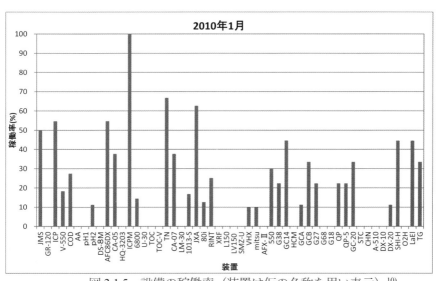

図 3.1.5　設備の稼働率（装置は仮の名称を用い表示）[10)]

目的と実施事項が記載された受付の記録に従い、必要作業の順序そしてその方法を具体的に決め、効率的に行えるよう組み立てる。作業を分担する場合、状況により更に標準化を行い安定した品質が得られるようにする。そして作業者の割り当てを行うとともに、負担の平準化をする。次いで原資材、試薬、装置器具、設備、場合により外注などの手配作業を行う。それぞれの詳細手順、例えばサンプリングの方法は、法令及びJISなどに具体的に定められ、更に社内のSOPがより具体的な手順を定めているはずである。従って計画は、上掲の必要作業の条件や順序を、測定分析の目的に従い組合せるとともに作業間の調整を行い、調査位置見取り図及び試料採取位置図そして表3.1.4の日程計画や表3.1.5の分析項目と試料対照表などわかりやすい図表を含む書類として具体的に示し関係者に説明し調整する。この計画は、目的、納期及びそれに従った日程計画、作業分担、試料及び試料のサンプリング、測定分析の方法、その精度、報告書及びその提出先そして輸送方法などを含む。管理職が作成したその計画に従い、管理職自身又はその下のリーダー職が指図として作成し、関係者に示し徹底させる。なお計画及び指図は、変更に対して臨機応変かつ確実に対応できるようにしておく。顧客の都合、機器の故障、担当者の休暇などの状況変化に対応できる準備が重要である。

　定例業務などと称する測定分析依頼を繰り返し受ける業務がある。日常の業務となり計画が意識されないが、基本的に前述の「目的、納期、作業分担、試料及び試料のサンプリング、測定分析の方法、その精度、報告書及びその提出先そして輸送方法など」が日常の業務計画として又は指図書の中に示されるのがよい。管理職が承知しておく内容である。

　指図書は、通常定型の帳票が用いられることが多いが、工夫が要る。定型の様式は、決まりきった作業即ちつまらない作業に繋がり、見落とし、記入の誤りと欠落を生み、そしてコンピューターを使えば複製（コピー＆ペースト）による誤りが加わる。随時様式を見直すこと、そして発生した不適合を統計的に処理した結果から重要性を判断し、帳票の記載欄配列に反映させるなど、継続した改良が望ましい。この改善活動は管理職が率先して行う業務と考える。

表 3.1.4　作業実施日程計画 [10)]

	12月	13火	14水	15木	16金	17土	18日	19月	20火	21水	22木	23金	24土	25日	26月	27火	28水
打合せ	○(13:30)																
現地測量	半日の見込み																
土壌の掘削・試料採取						●			●						●		
立会者・作業班 岩本	○	am	ampm	pm	am			pm		pm	am	pm					
坂部	○	○				○											
中			○	○					(○)								
藤木				○pm				○pm									
本山				○	○												
伊藤	○			○pm		○				○							
森山		○															
田中					○			○am									
手配・予約した車	—	レンタカー	レンタカー	レンタカー	5418	4711		5418	5418	4711	4711	4711	4711		4711	4711	4711

備考

措置に要する時間	10台/日の場合　900÷10t車×10台/日＝9日間　15台/日の場合　900÷10t車×15台/日＝6日間
測量	杭を打つまたはペンキを塗る、もしくはテープを貼るほかにより単位区画の四隅と名称の標識とし、試料採取地点をマーキングし記録。
立会作業　作業時間	作業時間 9:00～17:00　（但し12日の打合せで調整する。終了日は日没までの場合あり）
持参品	ヘルメット、及び安全靴（又は長靴）、カッパ（雨天時）、デジカメ、検尺、マジックインク、ビニル袋、試料採取記録、採取区画の図面を持参
調査用土壌試料の採取	各区画中央の指定箇所から土壌の移植ごて1杯分をビニル袋に採り、単位区画名と採取日時と付加きを表記し、更に採取記録を作成。
写真撮影　土壌試料採取	土壌試料採取時、採取前、採取中、採取後の写真及び採取試料の写真を撮影すること

表 3.1.5　調査計画（測定実施計画） [10)]

区分	調査対象物質ほか		実施する測定（○印、但し●印は5点均等混合法による）							
		単位区画（試料採取地）	①	②	③	④	⑤	⑥	⑦	⑧
		試料採取深度	0～50cm	0～50cm	0～50cm	0～50cm	0～50cm	0～50cm	0～50cm	0～50cm
土壌汚染状況調査	第1種特定有害物質	土壌溶出量	○	○	○	○	○	○	○	○
	第2種特定有害物質　鉛及びその化合物	土壌溶出量	○	○	○	○	○	○	○	○
		土壌含有量	○	○	○	○	○	○	○	○
	「鉛及びその化合物」を除く	土壌溶出量	—	●	—	●	●	●	—	●
		土壌含有量	—	●	—	●	●	●	—	●
	第3種特定有害物質	土壌溶出量	—	●	—	●	●	●	—	●
	試料採取深度		0～5cm、15cm、50cm	0～5cm、15cm、50cm	0～5cm、15cm、50cm	0～5cm、15cm、50cm	0～5cm、15cm、50cm	0～5cm、15cm、50cm	0～5cm、15cm、50cm	0～5cm、15cm、50cm
油汚染調査	油臭・油膜、油分の測定		○	○	○	○	○	○	○	○
備　考			専用タンク（北側3基）	事務所	専用タンク（南側1基）	—	—	—	固定給油設備近傍	—

（3）機密保持

顧客から得た情報及び顧客の目的に従い実施した測定分析から得た情報は、機密を保たねばならない。

顧客と機密保持契約の締結そして書類に「秘」表示及び記録保管庫の施錠などを行う。機密漏えい「事件」の発生確率はおそらく低い。それよりはるかに多い日常茶飯事の機密漏えい「事故」は、顧客が分析室を見学する機会、そして報告書や返送試料などの誤った送信と送付の際に生じる。来客の場合事前に機密保持を関係者に伝え整理整頓を徹底させ、機会のある都度注意を喚起すること、開発試料を関係者以外が施設内に立ち入れないようセキュリティ管理や試料が見えないよう部屋に遮光カーテンを施す。そして誤送付の起きない工夫と送付の手順確立、メールアドレス及びファックス番号など顧客台帳の管理が要る。

保管する情報が紙媒体であれば管理者を決め台帳管理とともに、施錠管理を行う。一方電子媒体であればアクセス権限やパスワード管理が要る。従業員の会話（家庭含め）からの情報漏れは誓約書による拘束、懲罰も一つの対応であろう。

収納庫の施錠など物理的な方法は勿論であるが、完全な対応策が難しいため機会のある都度「顧客情報は機密」と、経営層や管理職から従業員に繰り返し伝えなければならない。

3.1.4　受注と計画の指針

これまで述べてきた内容をまとめると、次になる。

①顧客の目的を達成するため、顧客要求事項を確認し必要な情報を提供すること（表3.1.1の内容の確認、提供できる情報の準備）

　顧客から依頼目的を引き出すこと(信頼関係が必要)

②顧客の目的を達成するため、必要な作業及び条件と準備の把握

③能力の確認（関係部署の負荷、技術的要求のレベル）

④目的の共有（聴き取った依頼者の目的を関係者全員に伝達）

⑤必要な業務の計画

　（例えば業務分担、人員配置、設備の準備、作業手順、原価計算）

⑥機密の保持（機会のある都度注意喚起）

3.2 サンプリング

3.2.1 サンプリング

【情景 3.2.1】：サンプリング（準備、輸送、保管）

　ある測定分析会社のサンプリング作業の一コマである。

　社員 A：おい、クーラーボックスに保冷剤が入っていないけど、そっちにないか。

　社員 B：ええ、A さんが準備するっていっていたから、俺持ってきていませんよ。

　社員 A：なんだよ、現場持ち込み品のチェックをしておけっていったのに。今日は深夜の仕事だぞ。

　　　　　今から会社に戻っていると現場の採水時間に間に合わなくなるから。

　　　　　途中のコンビニで氷を買って間に合わせよう。

　社員 A と B は、サンプリングのためフィールドに出かけたが、保冷剤を忘れてきたようだ。

　試料保存をどうするのかと思ったが、近くのコンビニで氷を調達し、まずは臨機応変に対応し事なきを得たようである。

　しかし最近、働き方改革でコンビニの 24 時間営業が問題になっている。深夜や早朝には開店していないコンビニが増えてきたらどうするつもりか。

　やはり、事前の準備やチェックが重要である。

　それと氷を調達したまではよかったようだが、試料によっては温度管理が必要じゃなかったかな？

　もう少し現場の様子を見てみよう。

-------------------------------------- （移動途中の車内） --------------------------------------

　社員 B：深夜とは言え、今日は真夏日ですよね。氷一つで何時間、何度に保冷できるのかな。BOD や COD は 0〜10℃の暗所保管、大腸菌は 0〜5℃の暗所で 9 時間以内に分析が必要ですよ。念のため、予備の氷も途中で確保しましょう。

-------------------------------------- （現場作業終了） --------------------------------------

　社員 A：やっとサンプリング終わったなあ。さて帰るとするか。

　　　　　おいおい、高速道路渋滞だってよ。会社に帰るまでに時間かかりそ

うだけど制限時間内には帰れそうだな。
念のため会社に連絡しておいてくれ。

何とか、温度管理の必要性にも気付いたようだね。
心配しながらの運転ってつらいね。
あおり運転をしないよう、安全に注意する。
一生懸命採取した試料は当然大切だが、あなたの命がもっと大切である。

ポイント4：
　・準備とチェック、他人任せにしない
　・準備には意味がある

サンプリング風景 48)

採取試料 48)

　顧客のサンプリング目的を十分に理解した上で、適切なサンプリング計画を作成（サンプリング支援）するのは測定分析会社の役割である。また、サンプリングは、現場作業であるため現場状況により臨機応変に対応しなければならない。計画の変更は、顧客の了解を得た判断が必要である。
　2.1 測定分析と健康の節でも記述したように、「測定分析は健康診断と同じ」を考えると、医者の患者カルテと同じように測定分析会社には顧客のカルテが存在することになる。いつ、どのような試料を、受付、分析し、その結果がどうであったか、毎月試料がどのように持ち込まれ、試料状態（外観、臭いなど）や

結果の変化がどうかなど、一目でわかる情報を測定分析会社は持っている。

ポイント5：
　現場におけるサンプリング情報や受付情報は、患者のカルテと同じ

　最近では、試料履歴や顧客情報を電子媒体としてシステム管理でき、顧客との情報交換やコミュニケーションをサポートしてくれる（3.7.2 電子化納品のLIMS 参照）。こうしたシステムをうまく活用すれば、顧客の要望を的確に判断し、適切なサンプリング計画を作成できるとともに、現場の臨機応変な対応もしやすくなる。

3.2.2　考え方と姿勢

　現在の測定分析業は、環境などの狭い範囲に留まらず、多種類の測定分析を展開している。排ガスや排水等を対象にした環境系から有機や無機の材料を対象にした工業系の測定分析まで多様な業務を含む事業を営む。そうした測定分析業の業務は、多様な測定分析を含むとしても、基本的に「サンプリング―前処理―分析・試験・測定―解析―報告書作成」のステップにより進められる。その中でサンプリングと前処理は、その操作の精度や適切さにより最終結果が左右されるため、極めて重要である。

　サンプリングつまり試料採取は、前述のとおりそして図 2.2.3 にあるように測定分析の業務工程の一部になっている。しかし分析会社自身が即ち測定分析の担当者自身が試料採取するのは、一部に限られる。なぜなら測定分析の目的を決定した「測定分析を行おうとしている者」だけが、どのような方法でサンプリングすべきかを判断できるためであり、費用も減らせるためである。つまり試料を幾つ採ればよいか、どのタイミングで採取するかのサンプリング方法は測定分析の目的により決まり、「測定分析を行おうとする者」は測定分析担当者より適切に判断できる。その「測定分析を行おうとする者」は、測定分析を実施しようと考えた当事者であり、分析会社に測定分析を委託する依頼者つまり顧客である。[49]

　つまり最終判断は顧客であるが、顧客が適切な判断ができるようサポートす

るのは分析会社の重要な使命である。診察し（相談に応じ）、症状に応じ（顧客の目的に応じ）、適切な治療方針を示し治療・薬を処方する（サンプリング計画、分析方法を示す）ことは分析会社の役割である。そうした支援を行えば 2.1 測定分析と健康の節でも記述したように、「分析会社はお客様のホームドクター」となれるのではないか。

　不適切なサンプリングは、採取された試料がその母集団の代表となり得ず、仮に測定分析の結果が得られたとしても、それに基づいて正しく判断できるかどうか甚だ疑問と考えられる。旧聞になるが平成 11 年のテレビ朝日ニュースステーションのダイオキシン報道は、データの示し方が問題とされたが、サンプリングとデータの取扱いの重要性を示した事件でもあった。

　環境分析は、サンプリングを分析会社に委託する場合が一般的に多い。つまり環境分析は、測定分析がサンプリングから報告書作成まで一貫して行われる。その他の場合サンプリングは、分析実施者と異なる組織が行うのが通例である。つまり上述のとおり試料の所有者が、目的とする問題等の測定分析を行うため、その対象を採取して、測定分析の実施できる分析会社に依頼する方法が採られる。

　環境分析の場合サンプリングの場は、主に顧客の工場内であろう。サンプリングだけでなく作業環境や排ガス、騒音・振動、悪臭、臭気など環境関連の現地測定も同じである。

　サンプリングは前述のとおり測定分析業務の重要なステップであるが、多くの場合手順（計画としてもよい）を一律に定め得ない。例えば天候や時刻など変動要因が多くあり、予め計画をたて手順を決めても、必要があれば実際の環境や目的に合うように修正し定め直さねばならない。そしてその際依頼者（顧客）の承認を得る必要を生じる。加えて目的を決定するのは依頼者なので、サンプリングがその目的を適切に達成するかどうか依頼者だけが判断できることになり、事前及び現場での打ち合わせが大変重要になる。そしてそれらを事前にサンプリング計画として作成する。そのように最終判断は顧客であるが、前述のように顧客が適切に判断できるよう支援し助言する役割が分析会社にあるのを忘れてならない。SOP にサンプリングの手順や指針を規定するのは勿論のこと、試験室という管理された場所で行うのでないため、サンプリングの計画を、逸脱の計画も含めて作成しておかねばならない。

　依頼者から与えられた制約条件は、報告書に記述し、この制約条件を第三者に伝えられるようにする。分析会社がサンプリングに責任がない場合、その詳

細を文書に記載する。サンプリングの記録として、フィールドノート（野帳）の様式を決めておく。サンプリングの手順や指針を規定し、サンプリングの情報を記録する野帳の様式を規定する。

　さてサンプリングは、その計画に従い実施し、結果の有効性を確認できる要因を管理することになる。必要な記録を取り、実施した手順そして採取条件、採取場所の図面、確認した統計的手法などを残す。定期的に依頼される場合、サンプリング計画は対応の経過や行った修正が繰り返し加えられ、次回に反映される。勿論この計画そして付随するデータ、試料など預かった情報は、顧客のノウハウに関する情報を含むため、厳重にすべての機密を保つ。

　ところで2.3.6節に述べた通り結果の正確さや信頼性に関して、製造業などは製品の検査を直接行い品質や合否を判定するが、測定分析は結果の合否を直接判断できない。こうした測定分析などの場合、精度（正確さと信頼性つまり測定分析業務の品質）は、製造業のように製品を検査するのでなく妥当性が確認された方法に従い行われた作業手順が、その方法に適合するか逸脱したかを監視する手法を用いる。前述のサンプリング計画に従い行う要因の管理は、測定分析結果の有効性にも関わるこの監視の一部になる。更にトラベルブランク試験など内部精度管理による品質管理も加え、問題を未然に防ぐ仕組みを作り品質を保証する。

　ほかの産業と同様、測定分析業務はそれらを含む日常管理が大切である。日常管理を決して軽んずるわけにいかない。技術力と対応力は日常管理の背景のもとに形成すると捉えねばならない。そしてそれは公定法なら勿論のこと、顧客から要望された公定法にない測定分析も実施できる「技術力」そして顧客の問題や課題に対応できる「対応力」に繋がると考えられる。

　顧客の技術的な疑問に答え、解決の方法を提供し、測定分析の相談にのり、顧客の目的にかなう報告書を提供する、そしてそれらを継続すること、つまり結果に基づく適切な助言と、求められる測定分析方法の提案により測定分析業の活動は描いていけると信じる。[50]

　サンプルの受け入れ手順の要件もある。例えば送られたサンプルと送り状の記述が矛盾する場合、依頼者に確認する。実施する方法が曖昧な場合、依頼者に確認する。要するに勝手な判断をしない。依頼者がサンプルの取扱いについて指示する場合、その指示に従う。裁判等の係争や利害関係に絡む、また盗難の可能性のある場合、セキュリティ（保安、警備）下に置く。これらも、当然実

施すべきと思われる。

　試料の採取そして輸送、保存管理から生じる問題は、少ないといえない。分析実施者と異なる者又は顧客がサンプリングを行う場合、分析実施者と相互の連絡が十分ないと、適切な分析操作の実施や分析結果を得る上の盲点となる。[51]

　ISO/IEC17025 はサンプリングの計画と方法を定め、記録を保持しなければならないとする。しかしこの要件に留まることなく、上掲のような顧客との緊密な連絡と情報共有、そして得られた知見及び必要な支援と助言の提供活動を推進することが、我々測定分析業の価値を上げることに繋がるはずである。管理職は、この活動がうまく遂行できるよう関係する担当者から情報を入手し、それらを漏れなく記載して顧客台帳を充実した内容にする。そして同時にそれに基づいた対応手順を教育し、第一線の担当者の活動を支援しなければならない。

　更に加えてそうした指針を常に示し、顧客の要求に応えるように方向付けるのは、経営層の役割である。

3.2.3　サンプリングの指針

　これまで述べてきた内容をまとめると、次になる。

　①顧客の目的を達成するため緊密に連絡し情報を共有

　②サンプリングについて顧客が適切に判断できるように支援そして助言

　③手順又は計画の準備と修正、精度に影響する要因の管理

　④与えられた制約条件及び実施結果の記録と機密の保持

3.3 試料の管理

3.3.1 識別

　試料は、試料そのものに名称が記載されていない又はできない場合、試料又は容器に直接記載するか、ラベル又はエフなどを貼り付けるなどして識別する。コンピュータによるラベル印刷そしてバーコード管理ができるようになり、試料の識別が楽になった。定型のラベル又はバーコードの使用は、勘違いなどの誤りを減らす。

　しかし 100% 万全でない。人間の介在する割合が多くなると不都合が拡大する。例えば、表 3.3.1 のような不適合があり、全体のある割合を占める。必ずしも頻度が小さいと言えないし、試料の取り違えによる結果の誤報告は、顧客の信頼感を著しく損なう。

表 3.3.1　試料の識別に関連する不適合

- オートサンプラーを用いた機器分析の際、操作用コンピュータに試料名を誤入力
- 実際の名称と序数を用いた仮の名称を併用して、試料を取り違え
- 前処理を行うためガラス容器に移した際、試料名の転記ミス
- 準備した複数の試料のガラス容器を取り違えて分取
- 複数担当者による分担作業時に試料名の誤確認
- 試料名を誤って消去
- 試料ラベルの貼り間違い
- 試料と分析結果の紐づけを怠る

　試料は、わかりやすい名称がよい。但し顧客の命名した名称を変えられない。例えば複雑又は長い試料名等は、測定分析に当り仮の名称を付けるが、元の試料名にない記号を用いる。例えば多くが 1、2、・・・や①、②、・・・など序数に変換するが、その序数は元の試料名にある文字を使わないのを原則とする。例えば算用数字の並びが元の試料名であれば、アルファベットや漢数字を用いる。数字 (算用数字、ローマ数字、漢数字、丸囲み数字)、五十音 (カタカナ、ひらがな)、アルファベット (大文字、小文字) などを使い分け、仮の名称として利用する。専ら丸囲み数字だけを用いてはならない。試料を取り扱う際に混同や誤解のないようにしたい。

　試料の一部を分析対象とする場合、別に写真を撮影し又は図を描いておきそ

こに試料名を記入し対照できるようにする。

　試料と分析結果の紐付けを怠ってはならない。自動的に試料名が分析結果に印字されない場合、分析計画の作成そして対照表の用意など工夫が要る。何も用意せずに蓄積された分析結果を後からまとめて識別などするのは、分析技術者の行為と言えない。

3.3.2　試料の保管

　試料の劣化や変質、損失などは、測定分析の結果に大きな影響を与える。保管室を設け、試料の性状及び測定分析項目に従った保管を行う。変質のおそれがなければ分析室の棚などに保管すればよいが、そうでなければ10℃以下の冷蔵又は－20℃以下の冷凍による保存、場合により調湿などの操作が求められる。保管室及び冷蔵庫、冷凍庫の温度管理を行うが、統計的な判断を行い定常状態の維持ができる工夫をして、記録などの作業をできるだけ省くのがよい。外部審査などに対応する記録作成を目的とした管理は無駄である。

　天井や床の材質、扉ほかの建具、水道など設備の材質、棚を始め什器の材質、保管室の雰囲気など誤差要因となる要因、つまり発錆や他試料そして雰囲気からの汚染を生じる要因を除いておく。その処置は、試料保管室のほか分析室を始め関係する施設に適用する。施設の改造、増設、新設などの際に注意する。

3.3.3　顧客から受け取る試料

　顧客が持参し又は顧客から手渡された試料は注意を要する。必要な場合、事前に試料の採取方法と保管そして輸送方法について示し、適切に試料が採取され測定分析に適した試料を入手できるようにする。その情報提供は受託者である分析会社の義務である。採取方法や保管容器が適切でない場合、分析結果が意味を持たなくなる。水の分析をして欲しいと顧客が持参した試料を確認したら、炭酸飲料の容器を利用していたなどの事例はよくある。

　試料の成分や取扱いに関する情報は、顧客が把握しているはずであり、受注時又は試料の受領時に確認するのがよい。測定分析を適切に実施するための情報になるほか、環境汚染の防止や安全を確保するためにも重要である。

　試料は基本的に返却すべきと思うが、顧客の要請や状況により受託側が処分をせざるを得ない場合がある。依頼を受け付けた際に、試料の返却又は廃棄の方法を顧客に確認しておかねばならない。

3.3.4 試料管理の指針

　廃棄するにしても返却するにしても、試料の保管と識別の手順及び検索方法を準備する。試料の管理は多くの人が関わるため、手順を見直し継続的に改良し続けないと、いつでもだれでも目的の試料に辿り着ける管理状態を維持できない。試料紛失までいかなくても、社内に「捜索願い」が出されることがあれば、管理状態に至っていないことを示す。

　試料の保管と識別手順の作成そしてその改良は、複数部署が関り関係者が広がるため、管理職が指揮し実施するのが良い。

3.4　外注（下請負）

3.4.1　外部サービス

【情景 3.4.1】：外注先に丸投げして何故いけない？

外部委託案件について、ある測定分析会社の会話の一コマである。

社員A：得意先からうちで対応してない分析項目について依頼の問合せがあったけどどうしようか。

社員B：うちで対応するためには、分析装置の購入が必要ですし、技術的にも専門性のある社員はいませんよ。

社員A：じゃあ、うちを窓口にしてその項目は外部の測定分析会社に委託しよう。

　　　　B君、君が外部委託先に対する窓口となって手続きを進めてくれ。

　　　　念のため、お客様の了解をいただいておくよ。

社員B：どういう方法で対応するか外部委託先に任せることになりますので、試料を渡して、納期だけ依頼しておきます。

　　　　外注の方が楽でいいよ。

上記情景をご覧いただいて、皆さんはどうお考えだろうか。

経営者の立場であれば、以下のような事項を考えるのではないだろうか。

　①自社で対応できない分析を外部委託することは事業上何を意味するのかわかっているのだろうか。

　②折角受注した仕事をやすやすと同業他社に渡してよいだろうか。

　③内製化についての検討は妥当だろうか。

そこで外部委託の際の留意点を考えてみた。

　①外部委託先を管理しているか。

　②外部委託先は、信頼できるか。

　③信頼できない会社に外部委託しないと言い切れるか。

　　　自分のところではコストがかかると安易に外部委託していないか。

　④専門性や経験がないからと言って、外部委託先に丸投げする発注方法は適切か。

　⑤信頼できる会社であるのは当然だが、外部委託先の分析工程を確認、見学したことはあるか。さらに、監査したことはあるか。

　⑥外部委託先で何か問題が発生すれば発注元の責任であることを理解し

ているか。

　⑦受入検査は、機能しているか。

　　　外部委託先から提出された結果は、発注内容に合致した結果であったか。

　　　分析方法、有効桁数、定量下限などは要求通りか。

　外部委託に際しては、上記事項を調査・確認し、発注業務を管理することが必要である。お互い測定分析会社同士だからこそ、形式的でなく実状を確認し協力しあえる関係を構築してこその外部委託である。

```
ポイント6：
　　外部委託も自社管理と同じ
```

3.4.2　外注と管理

　外注は、依頼者から求められた測定分析の機器設備を保有していない場合や低い稼働率の採算がとれない場合、他の測定分析があり社内の対応が困難な場合など、技術的な対応、納期、料金などの依頼者の要求が自社で満たせない場合に実施される。

　外注を行う理由を依頼者に説明し、承認を得なければならない。その際先ず外注先の信頼性について説明を求められるであろう。例えば認定試験所であるかなどの外注先が的確な能力を保有しているかを確認しなければならない。外注の際外注先の選定条件つまり認定試験所や環境計量証明事業所であること等、測定分析の仕様、品質を予め定めておき、その方針に基づき依頼したことを説明しなければならない。

　書類から得る情報だけでは不十分な場合もあり、日頃から定期的に外注先の品質調査や分析室見学を実施しておくのがよい。例えば半年毎にブラインドサンプルを送付しその結果を統計的に処理しバラツキを求める。この際のサンプルは、過去に送付した分析依頼試料など用い統計的な処理が可能なように設計しておく。その他技能試験のｚスコアを聴取し、外注先の能力を確認する。

　平賀[52] は、記録として

①下請負契約者が技術的に同等であることを証明できるための記録

②依頼者から外注の承認を得るために提供する判断情報

③依頼者の承認

④SOP

⑤分析の実施管理記録

⑥管理者のチェック及び承認の記録

⑦報告書の確認

などを準備せよとしている。

　測定分析の責任は、外注を依頼した分析会社側にあるため、上掲の事柄が必須である。外注先への注文は、契約書によるか個別の発注書・請書の受け渡しによる方法を採るのが良い。つまり依頼する測定分析の内容を明確にすること、そして資材などの準備及び経費の負担、下請負の再委託、成果物の提出、納入期限、検査の方法、料金の支払いをどうするかなどを明確にしておく。納期が短い場合など口頭のみで実施される場合もあるが、問題を生じやすく避けるのが望ましい。

　更に外注先の一覧表など台帳を作成し管理するのが望ましい。継続するそして一時的な依頼先をそれぞれ管理し、頻度の高い測定分析項目の内製化そして外注先の選択などの資料（参考：図3.4.1）として活用したい。

　外注は、技術側だけでなく営業側からも行う場合がある。加えて外注管理は、経営方針・戦略とも整合させる必要があるため、経営判断できる責任者が指揮統一し整備させていくのが良い。

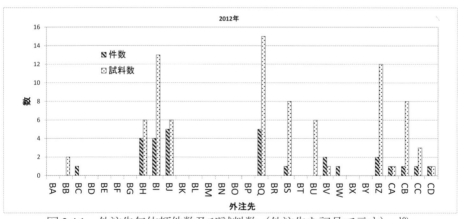

図 3.4.1　外注先毎依頼件数及び試料数（外注先を記号で示す）[10]

（注）件数と試料数の無い外注先は該当年の実績がないことを示す

3.5 分析・測定

3.5.1 SOP（標準作業手順書）

（1）SOP の必要性

【情景 3.5.1】

外部審査を明日に控えた、ある測定分析会社の社員同士の会話の一コマである。

社員A：明日、審査があるから SOP（standard operating procedure）が最新版になっているか確認しておいてくれ。

社員B：そういえば、先月 JIS が改訂されたので分析の操作手順は変更しましたけど SOP の改訂も必要ですか。

社員A：当然じゃないか。

それじゃ先週入社した新入社員にはどうやって分析手順を指導したんだ。

社員B：改訂された JIS をもとに指導しました。新人は、一生懸命メモを取っていましたので大丈夫だと思います。

社員A：SOP には、JIS には書かれていない会社独自のノウハウを書いてあるんじゃないのか。特に新人にとっては分析のコツやノウハウを学ぶ上で大切なポイント、管理項目・内容、管理（判断）基準などが書いてあるだろう。それこそ、今まで我社が培って来た分析技術者育成のためのエキスじゃないか。

社員B：そうかもしれませんが、忙しくて改訂する時間がなかったので。

社員A：忙しさは関係ない。そんないい加減な状態で教えられた新人はいつまでたっても一人前になれず苦労するのは君だぞ。

何のために SOP を策定しているんだ。

すぐに SOP を改訂するとともに、新人に改訂した SOP にもとづいて再度指導してくれ。

JIS や公定法で分析を実施するので、SOP は必要ないなどと考えていないか。

我々の分析業務は、法律やお客様の仕様にもとづいて行うことが多いと思う。同時に第三者に行う証明行為であると考えると、証明のもととなる作業手順を示せない証明行為を、第三者は信頼してくれるであろうか。

SOP は、ISO の外部審査や行政の立入審査のためにあるものではなく、自らの証明行為のもととなる大切な手順であることを今一度認識しよう。

外部審査の前に慌てて SOP の内容を確認し、審査当日はさも日頃から使用し

ていたとすまし顔で対応することがないようにしよう。

　SOP は、写真や動画を活用している組織もあるようだ。各々の組織において対象者が理解し運用しやすい媒体、内容とすることが大切である。

　また、SOP は指導を受ける側（使用する側）が作成するのも一つの方法である。

> ポイント7：
> ・SOP は、外部審査のための手順書とせず、現場で活用せよ
> ・SOP は、誰が使うかを考え作成すべし

図 3.5.1 に、一般細菌の SOP の写真を用いた一例を示す。

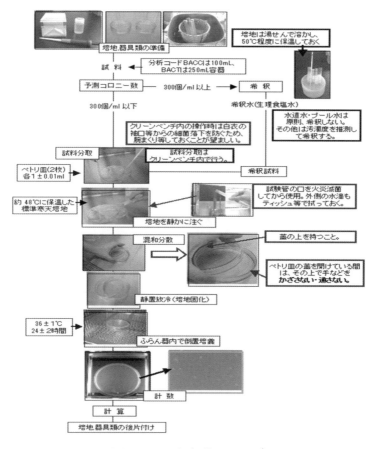

図 3.5.1　一般細菌の SOP [48)]

（2）SOP の作成

　標準化は、「品質確保」、「生産効率向上」、「相互理解促進」、「技術普及」など
が期待される。SOP もいわゆる標準化の手段の一つである。その役割や効果は、
　①品質の安定化：定型化により人や機械のばらつきをなくし精度を安定させ
　　るつまり標準化は結果を安定させるためやり方を規制すること [53]
　②業務の継承：異動や分業などに対応すること
　③管理の基準：作業や管理の基準を設け、それから外れないようにして精度
　　維持を図ること（統計的方法を活用する）
　④業務の効率化：注意事項やコツを書きとめ失敗が無いようにすること
　⑤そのほか：一定時間に行う業務の量を求め工程計画や原価計算に利用
などがある。大変重要と言える。

　SOP は操作手順を記載するが、操作管理基準と操作管理基準を決定した基礎
資料も掲載すべきである [54]。JIS そのものは SOP にならないとされる。しかし
法定の測定分析の場合「JIS の規定を逸脱してならない」としたら、規制に関す
る公定法はそのまま記述しなければならない。その SOP は JIS そのものに、操
作要領など補足事項と前述の操作管理基準を加えた内容となるであろう。

表 3.5.1　SOP の内容

項目	内容
目的等	SOP の目的、SOP の適用範囲
資機材	器具及び資機材の準備そして仕様
試薬等	標準及び試薬の仕様、精製、保管、取扱い
試料採取	試料採取方法、公定法どおりでない場合の決定手順、試料の輸送
試料取扱	試料の保管、試料の取り扱い
測定条件	設定条件、調整の手順
分析操作	分析の操作、設備の操作、分析のフロー
解析処理	データの解析及び処理方法、データの保存、記録
精度管理	精度の判断基準、操作の管理基準、異常の判断基準と処置
設備保守	設備の定期点検、校正・検定、清掃、故障時の処置
その他	測定の原理、機器の仕組み、操作等の判断基準の設定根拠
履歴等	文書番号、改訂履歴、作成者・承認者等

SOP は、表 3.5.1 の内容から必要な項目を盛り込む[55][56]。文書の様式は、できれば統一するのが、組織内の情報伝達そしてコミュニケーションから望ましい。SOP の作成に勿論、分析を実施する場合にも、測定の原理や機器の仕組みの知識が要る。そして確実に担当者の引継ぎが可能な記述とする。加えて SOP は、担当者の育成と技術の継承に用いる。

　余談となるが、SOP に限らず文書を作成する場合、「理解の容易性」が重要であり注意する。読む人や文書を使用する人の立場に立って以下のポイントをおさえて作成すると活用されやすくなると思う。

　①目的が明確に書かれている。
　②主語が明確になっている。
　③５Ｗ１Ｈが書かれている。
　④平易な言葉を使用している。
　⑤表、チャート、図などが使われている。

（3）非定型業務と SOP

　環境調査試料は、採取時の現場環境における唯一の試料であるので、ミスなく精度を保ち分析するため SOP が重要となる。一方顧客の品質管理や開発商品に関する試料は、ルーチン的に対応できず公定法もないため、一品一葉な分析そしてかなり特殊な分析にもなり得る。それゆえに SOP などなかなか標準化ができないままに分析を実施する場合もあり得る。

　しかしながら、こうした「ルーチン項目でない、一品一葉な分析、特殊分析の標準化、手順化を行う仕組み」の構築は、分析会社の重要な業務の一つである。そうした分析は、特殊とは言え、技術的なバックボーンと裏付けがあるはずで、前処理方法、分析装置の測定条件などが貴重な技術データとなる。こうした情報を測定分析者個人の頭でなく記録に残し、分析会社の財産として技術継承できる仕組みが必要である。画一的な SOP でなく、特殊分析に見合う SOP も必要であろう。

3.5.2　SOP と精度管理

　測定分析項目毎に日常管理する項目とその水準を明確に定めるべきである。ただ測定分析を手順通り実施するだけで、何も管理されていないのはおかしい。自身の担当する分析のばらつき（精度）を知らなければ、管理もできない。自身の担当業務の精度を求め、前任者、後任者などと比較したりする。所属部門の

担当者全ての精度を求めれば、自ずから自社の品質が明らかになり、顧客にも示せ、顧客から求められる精度に対応可能な分析法の選択と提供そして社内の改善活動にも繋がる。管理活動は自身の分析精度を知ることから始まる。知らないでは何も始まらない。

　SOP をいくら立派にしても、精度管理を行わなければ要求された精度の測定分析結果が得られるかどうか疑わしい。採用する精度管理の手順を SOP に入れなければならない。更に異常を判断する基準と処置方法（責任、権限、報告方法）を決め [57] て SOP に入れておく。実験や試行錯誤により決めた手順や基準は、その根拠及びデータを「技術資料」として SOP の巻末に入れておくとよい。

　標準化とは、結果を安定させるため、やり方を規制すること [53] であり、石原勝吉が示す通り、品質向上（良くする）、時間短縮（速くする）、疲労軽減（楽にする）、経費節減（安くする）[58] を図れるようにしたい。SOP などの標準化そして分析精度測定は、管理職が計画に従い推進する。

3.6　報告

3.6.1　報告書の苦情対応

【情景 3.6.1】

　ある測定分析会社の分析結果報告書に関するお客様からの苦情対応の会話の一コマである。

　　社員Ａ：先日お客様に提出した分析結果報告書ですが、宛先の社長の名前が間違っているという苦情の電話がありました。

　　社員Ｂ：ああ、あそこの社長の名前は当用漢字にないので外字で対応しないといけないのにそのまま提出したのか。

　　社員Ａ：外字対応が必要なんて私は聞いていませんよ。

　　社員Ｂ：いつも対応しているから一々説明しなくてもわかるだろう。

　　　　　　直ぐに訂正して発送し直せ。

　　　　　　それにしても細かなことをいうお客様だな。分析結果には問題ないんだから少しは大目に見てほしいというのが本音だね。

　　社員Ａ：確かに細かなことかも知れませんが、私もダイレクトメールで届く郵便物の自分の名前が間違っていると「いいかげんな会社だな」って思い、その会社に対してよい印象は持たないですね。

　　社員Ｂ：だったら、間違えるなよ。

　上記情景をご覧いただいて、皆さんはどうお考えだろうか。

　我々が製造する製品は何かと問われれば、調査報告書、計量証明書、分析結果報告書（以下、報告書）ですと答えるのではないだろうか。報告書が製品であれば、製品に傷を付けてはいけない。見栄えがよくなければいけない。使いやすくなければいけない。わかりやすいものでなければいけない。まして内容に間違いがあってはならない。誤字脱字くらい仕方がないとか、印字ミスくらいは誰にでもあるという言い訳は通用しない。お客様の名前であっても同じである。

　間違いのない報告書を提出するのは我々測定分析会社、技術者として当然の努めである。お客様が求め、喜んでいただける報告書を提供できることがお客様に対する我々の気持ち、姿勢であり、それが最終的には会社や技術者である自分に対する評価につながるであろう。

ポイント8：
報告書は、自分の顔が印刷されて発行されると思え

報告書及び計量証明書のイメージ

　報告書からその分析会社の業務管理上の問題点がよく見えてくると思う。次節にＴＴＣ（3.6.2節）及びユニケミー（3.6.3節）における事例を紹介するが、皆さんの会社でも同じような事例が発生していないだろうか。

3.6.2　報告書の苦情の分類：ＴＴＣの例

（1）苦情の工程別内訳

　顧客の苦情を作業工程別に分類し調査したところ、図3.6.1に示す結果になった。その苦情は、計量証明書等の報告書を発行した後何らかの理由により顧客から報告書の内容に疑問が示され、調査した結果分析会社のミスであった場合をいう。

　苦情の発生原因を調査すると、「受付」（32%）及び「報告書作成」（43%）工程に集中している。「受付」は、顧客からの要望を聞き受託内容を後工程である分析や調査の部署に情報展開する工程になる。また、「報告書作成」は正に分析や調査結果を顧客の要望に応える形（報告書）にまとめる工程になる。

　つまり事業所の人と出の工程に問題が発生していることになる。

（2）報告書作成工程の原因内訳

　最も多く苦情原因工程として問題である「報告書作成」工程を調査したところ、図3.6.2に示すように「転記・誤字・脱字」が79%と全体の8割近くを占めた。

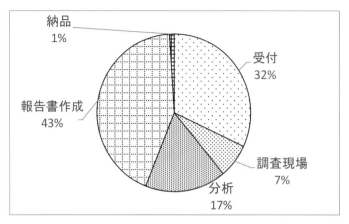

図 3.6.1　苦情の工程別内訳 48)

「転記・誤字・脱字」の事例を以下に示す。

①項目と数値を入れ違いで入力

A項目　　　　　○○
B項目　　　　　△△

②数字の入力間違い

　　例：767 と 787

③文字の変換間違い

　　例：曾田と曾田

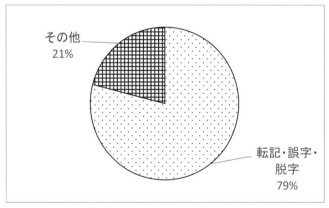

図 3.6.2　報告書作成工程のミス原因内訳 48)

（3）受付工程の原因内訳

　「報告書作成」工程の次に問題であった「受付」工程を調査したところ、全て「転記・誤字・脱字」が原因であった。

　「転記・誤字・脱字」の事例を以下に示す。

　①試料採取日の入力間違い

　　　例：3月3日を3月30日と入力

　②文字変換ミス

　　　例：粒径と粒形

　③地点、地名の入力間違い

　　　例：浦和と浦野

　④分析方法の付表番号間違い

　　　例：環境庁告示59号付表13と14

　こうしたミスは、「担当者の交代」や「法令改正」時に発生することが多かった。

（4）分析・調査工程のミス発生原因

　「報告書作成」、「受付」工程以外で問題であった「分析」や「調査現場」を調査したところ、以下に示す原因であった。

　①試料からの分取時に容器を取り間違える

　②現場野帳における記載間違い

　　　例1：地点名を間違えて記載

　　　例2：水温と気温を間違えて記載

　③計算書

　・希釈倍率

　　　例1：希釈したのに計算書に記載を忘れる

　　　例2：希釈した倍率を間違えて記載する

　　　　　2倍と20倍

　・入力セル

　　　計算式の入力セルを間違えて入力

3.6.3　報告書の検査結果：ユニケミーの事例

　表2.3.1及び3.6.1節に述べたとおり商品が報告書であれば、報告書に存在する特有の欠陥、誤植が常にリスクとなる。「結果は、開示する前に、レビューされ、

承認されなければならない」と ISO/IEC17025 7.8.1.1 項にあるとおり、顧客に提供する前に報告書の内容の確認を行う。いわば製品検査に当たるこの確認の際に見つかった報告書の不良の原因等を、分類しまとめた一例を図 3.6.3 に示す。

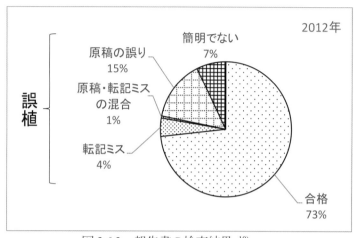

図 3.6.3　報告書の検査結果 [10]

　当然合格が多くを占める。一方不合格も四分の一ほどある。原因を分類すると主たる原因が掴めるが、例えば、
　①結果が違う（試料の取り違いなど）
　②手順不履行（規定された分析操作の省略）
　③要求事項不履行（顧客から求められた分析項目の未実施など）
などは意外と多くなく図に現れない。一方、
　④誤植（転記ミス、ミスタイプ、原稿の誤り）
　⑤試料名などの伝達誤り
などが多い。大半が誤植である。
　データの報告に加えて解説などを記載する報告書は、分かりやすく書かれていなければ顧客が内容を理解しづらい場合もあり、口頭による説明を補わなければならない。従って不明瞭な説明や「簡明でない」解説、言及不足も報告書の不良とみなされうる。「製品検査」で解説文などをわかりやすいように文章を修正する。

3.6.4 報告書の不良改善

これまで述べた不良をなくす方法として、

(ｱ)常に集計して、統計的に解析又は原因をABC分析し、順に対策を打つ。集計してみると判るが、誤植やミスは一部の項目に偏る。但し対策が「この項目に誤植が多いから気を付けよう」とか「作業台に注意喚起のステッカーを貼る」などの方法では効果が少ない。小学生の学級会の「みんなで掃除をしっかりいたしましょう」的な議決に終わる。議決があっても誰もそれをしない。物理的な工夫がされるとよい。帳票であれば項目を確認しやすい並びに変える、チェックシートの採用、確認用のマスクを作るとかを考える。何でもよいから工夫し、だめなら更に工夫しと、繰り返し改善を行うことがノウハウに繋がる。何事も「一日にしてならず」である。この時屋上屋や無駄な作業の追加をしないように注意したい。

　前述の集計と統計的な解析、その結果のフィードバックは、報告書の管理を担当する管理職の業務である。毎月集計し報告伝達する仕組みを準備したい。

(ｲ)こうした確認をうまく行うのは、一つの能力である。例えば落ち着きのない性格の持ち主に確認を行わせても、高いレベルに到達すると限らない。実直な経験豊富な退職者などが適任といえるかもしれない。先ず適任者を選ぶ。この適任者を選ぶのは、管理職の責任である。

(ｳ)わかりやすい説明は、報告する顧客の状況を知らないと書けないし、説明すべき内容を十分理解していないと作れない。その報告書の作成担当部署の責任者に書かせ、営業担当者が確認するとよい。営業担当者は、自身が納得するまで、書き直させねばならないし、それが担当する顧客への義務でもある。管理職に報告書の発行権限を持たせ、発行承認は営業担当者の意見を求める仕組みとするのがよい。

これらに加えて、次の「報告書の改善」が必須である。

(ｴ)計量証明書のような業界で固定された様式の報告書は、競争を前提とした商品にならない。分析会社それぞれの強みを表現し得ない。例えば10年前に決められた様式になお従い発行しなければならないのでは、効率も上がらず特徴も出ない。製造業は常に新製品を上市している。同様にして改良を行うべきであろう。宮川正孝氏は2007年6月に行われた日環協関東支部環境セミナー特別講演の中で、計量証明書は事業所毎に様式が異なり多く

の書類を確認する場合見づらいので標準化を望む[59]とされている。顧客に寄り添う標準化した様式に必要な情報を付け加え提供できるようにする。例えばデータを共通形式の依頼者に必要な電子ファイルにして提供する手法を進め、顧客のより利用し易い報告を求めていくのが望まれる。

　一方様式に規定のない報告書は、常に改善を怠らないようにする。特徴を常に加える。管理職又は経営層が主体となって商品の見直しを行う仕組みを、年間の活動計画に織り込み、改善改良を常に行うのがよい。

3.7　輸送・納品

3.7.1　納品及び送付誤り

　どの産業でもそうだが顧客は、予め定めたスケジュールに従い業務を進めているため、決められた納期が守られるよう要求する。測定分析業でも「報告書が到着していないが発送されたか」の問合せがよくある。まれに輸送上のトラブルも生じるが、納品先の誤り例えば納品先の誤伝達や送付先の誤りそして輸送手段の選択による納品遅延などもある。「納品されているか」や「発送されたか」の問いは、輸送ルートを追跡し答えねばならない。重要な報告書の納品は、移動が追跡できる輸送方法を使う。

　納品先の誤りは、顧客の機密漏えいに繋がる。受付時の仕組みが重要である。異なる顧客に報告書を送付した場合、企業ノウハウを含むデータがあれば、訴訟沙汰になるかも知れない。この点は3.1.3（3）節でも述べた。次節の電子化納品の場合も、送信先を誤らないような工夫が要る。電子化納品は一気に拡散する可能性が高いため、誤った場合リスクが大きい。送付先を誤らないようリストを準備したり、パスワードを入れ該当者でなければ開封できない仕組みを用意するが完全でない。

　ファックスやメールなどによりデータだけを速報する場合も多い。今は少なくなっているかもしれないが、依頼された測定分析の仕事は報告書納品と顧客の検収があって完了する。こうした場合、データを送付した後それで済んだと報告書の送付を怠ってはならない。納期厳守が顧客の信頼を得る一番の方法であり、要求に必ず応えなければならない。

　ここでいう輸送は、納品の際を議論しているのだが、試料などが顧客から送られてくる場合も輸送の問題を生じる。以前の例に、宅配便で送られた試料に納品書ほかの書類が一切同封されておらず、連絡を受けた営業担当者が不在であれば対応がわからず、放置されてしまう場合があった。一方報告書を送付する場合も、梱包された書類ほかの明細など納品書を作り同封しておくのが、当然親切であろう。いくらＩＴの時代で紙が不要といえども、受け取る側に立つ気配りは必要なはずである。小さな試料であれば、梱包材とともに廃棄されてしまって、取り返しのつかない場合も生じる。フォーマットを用意して、納品書を簡単に作れるようにしておきたい。温湿度管理などが必要な場合、その処置は試料管理と同じ対応が要る。その注意も試料に表示したり、納品書に記載しておく。

3.7.2　電子化納品

（1）コンピューターの利用

　コンピュータの長所は、高速計算及び正確な大容量の記憶の二つに集約される [60]。基本的な使い方は、データの記憶そして再利用と加工にある [60]。代表的な利用法は、高速計算を活かしたデータの検索や転送、そして正確な大容量記憶を利用するデータベースである。

　測定分析業は、コンピューターを従来から計量証明書など報告書作成用のワープロとして、近年になって LIMS（Laboratory Information Management System：ラボ情報管理システム）を業務に利用してきた。エクセルを用いた転記ミスや多重チェックを削減する試み [61] がある。そして LIMS によるデータベースをエクセルなどを利用した帳票により移送し業務を合理化した [62] 報告もある。しかしながら測定分析業務は、試料の種類が多くしかもその数が少なく一方測定分析の項目が多い「多種少数多項目」の状況にある。そのためいわゆる「量産」に至らず、「量産」の効く臨床検査の分野などに比べ IT の利用は遥かに遅れている。

（2）計量証明書の電子納品

　民間事業者が行う書面の保存等における情報通信の技術の利用に関する法律が 2005 年に施行されて以降、電磁的記録による書面の作成と保存が普及してきた。同法は、事業者が書面の保存を電磁的方法で行う場合の共通事項を定め、情報処理の促進を図り書面保存等の負担軽減等を通し利便性の向上を目的とする。

　そして測定分析業の業務の一つである計量証明書の発行についても、電子媒体による計量証明書の保存が容認されるなどコンピューターの利用環境が整備されつつある。日環協は、2015 年に基本的な要件である原本性の証明及び電子認証を始め、真実性や可用性等を含む要件に基づく留意事項及び運用方針を定めるガイドラインを作った [63] [64]。ガイドラインは、計量証明書の保存、電子納品そしてそれに伴う計量証明事業規程の規定について示す。

　計量証明書の電子納品は、電子署名やタイムスタンプによる仕組みを用い問題となる改ざんを防止する。一般社団法人日本 EDD 認証推進協議会 [65] は、電子署名及び電子スタンプ付与による納品の運用を可能にするサービス「e-計量」を提供する。同協議会そして先進的に 2016 年に導入した株式会社産業分析センターの報告 [66] をまとめると、電子納品の利点は表 3.7.1 となる。

表 3.7.1　電子納品の利点

| ①改ざん防止と検知が可能 |
| ②ペーパーレス化 |
| ③納品時間の短縮 |
| ④輸送経費つまり送付作業時間や送料等の削減 |
| ⑤保存場所の削減 |

　「③納品時間の短縮」は、確かに短くなる。しかし従来からデータだけの先行した速報が多いため、速報後に電子納品しても納期の実質的な短縮にならない。④の「輸送経費」例えば宅配料金や郵便料金の総計は売上の 1% 未満の小さな金額であり、さほど大きな金額となり得ない。⑤の「保存場所の削減」は、電子納品による直接の利点ではない。従って大きな利点は①と②であろう。であれば計量証明書の電子納品は、前述のコンピューターの長所である二つの機能を十分活かした仕組みとなっていない。

（3）EDD による電子納品

　電子納品が求められる理由を光成美紀は、紙ベースなどでなく電子納品された共通フォーマットのデータであれば、それが大量であってもデータの統合や集計、そして関係者が行う緊急事態のデータ共有とリスク評価が迅速に行えるため [67] としている。

　CSV（Comma Separated Value）ファイルに名称フォーマットを整理するなど、電子フォーマットの整備を依頼者又は協会、官庁が行い、測定分析事業者が利用して電子納品する。その結果時間的そして空間的に異なる多量のデータが分析事業者から官庁などの依頼者に提出された場合でも、高速処理され目的に叶う解析や集計と評価が迅速に行われるであろう。こうした EDD（Electronic Data Deliverables）の仕組みは米国、欧州やオセアニアで定着しているとされる [67]。

　計量証明書の電子納品の仕組みは依頼者の利得があまりはっきりしない一方、EDD による電子納品は依頼者の利益に繋がるし、コンピューターの高速処理と大容量記憶の長所を活用できる。環境データだけでなくほかの測定分析の分野についても、集計そして解析など再利用と加工を念頭に置いた EDD のような電子納品が今後更に進むと予想する。

3.8　人材と教育訓練

　戦国時代の名将、武田信玄の言葉として有名な「人は石垣、人は城、人は堀」に挙げられ、図1.2.1にもあるように、人の採用、配置、育成はどのような組織においても経営上、最も頭を悩ませる課題である。

　そこで、本節は人材について測定分析業界の事例をもとに考えてみる。

3.8.1　測定分析業の人材

　1.2節に紹介した2019年3月公表の日環協「平成30年度環境計量証明事業者（事業所）の実態調査報告書」から、人材関連の報告の一部を表3.8.1に抜粋した。

表3.8.1　環境計量証明事業者の状況 [68]

①一事業所当たりの平均従事者数
(ｱ)役員・社員：20.2人（会員：28.8人）
(ｲ)全従事者：25.3人　　（会員：37.2人）
②技術系業務従事者
全体　83.1%（会員：82.4%）
③技術系業務従事者の学歴
大学院と大学卒が全従業者に占める比率：70.0%
④現状課題
最も多い回答：「人材の育成・教育」（74.6%）
⑤今後の事業展開
最も多い回答：「人材の確保」（64.0%）

　表3.8.1①に示す通り、環境計量証明事業所の平均従事者数は25人と小規模の企業が多い。他の産業はどうであろうか、平成28年の総務省統計資料によると一事業所あたりの従事者は全産業平均11人、製造業19人 [69]であり、環境計量証明事業所が極端に小さな規模でない。日本の産業を支えているのは、こうした小規模企業であることがよくわかる。

　では、従事者に占める技術系業務従事者の割合はと言うと、表3.8.1②に示す通り83%である。他の産業と比較すると、平成22年の国勢調査では全産業14%、製造業7%、サービス業6% [70]なので、それらの産業より非常に多いことがわかる。

　大卒以上の学歴の従事者の割合は、表3.8.1③に示す通り70%を占めている。

平成22年の国勢調査は卒業者に占める大卒以上の割合を20%としているため、この数字が就業者の割合でないにしても環境計量証明業界は高学歴者が主体の産業であると言える。

　測定分析は、高度な分析化学の技術を利用する知識集約型産業とも言えるが、基本的に分析操作を人が行うため、機械化の進みにくい労働集約型産業でもある。また、環境調査も専門の知識・技術を有する従事者が現場に出向き調査作業に従事しなければならない。そのため前述の通り環境計量証明業界は高学歴者が多い技術系の事業となる一方、人の手が要り生産性を上げにくい面がある。

　こうした業界特有の状況のなか、表3.8.1④・⑤に示す通り、現状や今後の事業展開の課題に「人材の育成・教育」と「人材の確保」が挙げられる。その背景には、業界の市場と産業の小ささから高学歴の人材確保が困難な状況や人に余裕がなく育成まで手が回らない状況にあることが窺える。

　測定分析事業にとって、限られた人数の中で技術系の従業員を如何に確保し育成するかが経営課題の一つと言える。これは、業種の違いによらず他の業界でも共通の課題ではないか。

3.8.2　倫理

【情景3.8.1】

　ある測定分析会社の経営者のボヤキである。

経営者：最近は、大手の超有名企業でも検査不正、品質不良隠しなどといった報道があり、かつての品質立国日本は見る影もないな。

　　　　売れればいい、利益が上がればいい。

　　　　消費者は、安さを求めており、品質や安全は求めていないかのようだな。見つかれば運が悪いという感覚だな。

　　　　だから、規制を超えた有害物質を夜中に密かに垂れ流しにする有名企業があるんだね。しかもこの企業は行政から表彰を受けていたというから驚きだよ。

社員Ａ：我々の業界も同じですよ。

　　　　他県ですが、行政の立入検査で計量法違反で摘発された測定分析会社がありましたよ。

　　　　安い分析費用で発注し、排水基準を下回っていることを当然のように要求してくるお客様がいますからね。コストを考えると真面目に

　　　　仕事ができないですね。

経営者：日本は、環境はただという感覚がまだ強いのかな。

　　　　不正が見つかった奴は運が悪い。見つからないようにやればいい。

　　　　かつての公害も、経済・社会の体質を不問にしたまま、システムの
　　　　末端に処理装置を付けて汚染を取り除くのに成功した。それで終わ
　　　　らせては、今後の環境問題が解決できないのになあ。

　　　　環境問題は、政治経済社会をどう変えるかが問題なのに、技術で解
　　　　決できると考えている人が多いということか。こんなことは、環境
　　　　に携わる我々が一番よくわかっていることなのになあ。

社員Ａ：不正という悪魔のささやきに負けたらお終いですよ。

　　　　そんなことは、我々分析者はよくわかっていますよ。

　　　　社長、我々はしっかり仕事をしていきましょう。

上記情景をご覧いただいて皆さんはどうお考えだろうか。

　　・不正は、技術者だけの責任か？

　　・何故、不正は起こるのか？

　　・教育しても手順書を整備しても不正は防げないのか？

　　・社会は、測定分析会社や技術者に何を求めているのか？

　　・社会のニーズと経営者のニーズは一致しないのか？

　経済原理は重要であろうが、モラルや倫理観まで経済原理に支配されてしま
っては社会が成立しないであろう。どんな仕事にも倫理観は必要であるが、2.1
測定分析と健康の節で述べた、ホームドクターたる測定分析業界の技術者に倫
理観は、特に必要ではないか。

┌─────────────────────────────────────┐
│ ポイント９：   │
│ 　　測定分析会社や技術者には、プライドと倫理観が必要 │
└─────────────────────────────────────┘

　日環協では、測定分析業界の企業や技術者に対し守るべき倫理規範として「環
境測定分析技術者のための倫理規範」を策定している。こうした規範を活用し
ながら機会がある毎に、経営者は測定分析会社や技術者としてのあるべき姿を
繰り返し教育、浸透させていくことが必要である。

3.8.3 人材採用と育成

（1）採用

　学生の平均内定辞退率は、2019 年 3 月卒業時点で 7 割 [71] となっている。これは大企業や人気企業を含めたデータと考えられるので、中小企業の場合更に厳しいであろう。そして厚生労働省が 2018 年に公表 [72] した、2015 年 3 月大学卒の 3 年以内の離職率は 31.8% である。ある測定分析会社では 2016 年採用の新卒大学生 3 名の内、3 年以内に 2 名が離職した例もあり、厚生労働省の数値を上回る結果が現実に発生しているようだ。正に、中小・零細企業にとって人材採用や育成が如何に厳しいかを物語る。

【情景 3.8.2】

　ある測定分析会社における人材採用に関する総務の会話の一コマである。

社員 A：最近、求人しても応募がないなあ。

　　　　　新卒の大学生がほしくて出身大学に出向いても反応悪いしなあ。うちの会社って魅力ないのかな。

社員 B：うちの会社だけでなく、業界全体に厳しいみたいですよ。

　　　　　先日出席した、協会の会合でも採用の話で盛り上がっていましたけど、ある会社では世間で言われている通り、新卒で採用しても入社後 3 年以内に退職する若手がいたので、過去 10 年間の退職者の実態を調べてみたら、中途採用者の退職率が新卒を上回っていたって驚いていましたよ。

社員 B：どの程度なんだ。

社員 B：退職者の 7 割以上は、中途採用者だったって話ですよ。

　　　　　短い人だと 1 年以内に退職していたそうですよ。

　　　　　その会社は、技術を持った人材がほしくて中途採用を繰り返していたらしいですよ。

社員 A：中途採用者は、比較対照する会社を知っているから見極めが速く、少しでも待遇がいいところがあるとすぐに転職するんだろうな。

社員 B：やっぱ、うちの業界に魅力がないのかな。

　　　　　人材採用や育成にどれだけお金をかけても一人前になる前に辞めちゃうなんて悲しいですね。

社員 A：寂しい事言うんじゃないよ。我々の業界は、環境調査・分析や工業

製品試験などによって、環境問題解決やメーカーの商品開発に寄与しているんだよ。

社員Ｂ：我社は、入社後3ヶ月間は社内研修を行うとともに、協会主催の技術セミナーや専門の教育研修機関が主催するビジネスマナーなどの社外研修にも参加させているし、資格取得に際しては受験費用の助成、奨励金や資格手当の支給を行っているよ。

分析って、品質と安全の両面に関する知識・スキルを有する技術者が必要だから時間とお金をかけて大事に育てていますよ。

やはり、新卒者を自前で辛抱強く育成していくことが必要じゃないですかね。

上記情景をご覧いただいて皆さんはどうお考えであろうか。

「企業は人なり」はどの業界にも共通する事柄であろう。

そう言えば、人材育成を事業目標（経営目標）にしている会社があると聞いたことがあるが、それくらい、会社組織にとって人材育成は切実な問題だということである。

ちょっと、こんな考え方をしてみた。

会社組織には、ビジョン、戦略、方針、目標があり、こうした目標等を達成できる能力（力量）を持った人を集め、会社経営を行う。会社が必要とする力量と、組織に所属する従業員が持つ力量に差があると会社経営は頓挫する。

この差を「ギャップ」と表現する場合がある。企業は、ギャップを埋めるため、人の採用や育成を行い対応する。一つは、会社に必要な力量を持つ人を外部から採用する。もう一つは、現在の従業員を育成し会社に必要な力量を持ってもらい、対応する。中途でスキルのある人材を採用して直ぐに満足な結果が出るわけではない。新卒者を自前で育成する方法と同じでないにしても、何がしかの自社としての育成は必要になる。

ギャップは、事業の変化に伴い常に変化するため、育成計画や方法も常に変化に対応させなければならない。この変化への対応を怠り、前例主義のまま形式的な対応を行えば、会社が必要とする人材は育成できず、事業の停滞を生みかねない。こう考えれば、規格の理解や資格取得だけの教育訓練計画・実績はまったく意味のないものであることは明白である。

ギャップを埋める育成になっているか、その成果を検証・評価するとともに、

結果に問題があれば育成計画、方法、対象者の見直しを行う必要がある。そうしなければ事業計画に影響を及ぼし、正に経営上のリスクとなる。

以下は、ある経営コンサルタント会社の経営者の言葉である。

「外部環境や他人によって刺激されたモチベーションは強く、長続きする。逆に自己啓発の維持は非常に難しい。例えば、英語がうまくなりたいという人より英語をマスターして同僚の鼻を明かそうという人の方が長続きする。」

さて、皆さんご自分の会社の社員をどう育成していきますか。

（2）責務の自覚と人材育成

分析業界に身を置く者は、会社や上司に教育や指導を求めるだけでなく、自ら仕事にどう取組み、その結果どういう成果を得たかを常に検証し、次のステップを目指し、自らの力量を向上させていかねばならない。測定分析業界も、ロボットが分析や調査作業を行い、ＡＩがデータ解析を行う世の中になるかもしれない。しかしロボットやＡＩをコントロールするのは人であり、最終的な判断を行い決定するのは技術者である。

仕事をグループで担当しても部署で担当しても、最終的に自分と仕事は一対一の関係にある。一対一で向き合うことは、自身が仕事を完遂させる責任を意味する。自分が果たすべき責務を自覚し業務完遂できる、そんな人材の育成が必要である。

高校野球の甲子園大会のように、化学分析に関する全国大会[73]がある。工業高校の生徒が化学分析に関する技量を競い、県大会、地区大会、そして全国大会と勝ち進み優勝を目指す。化学分析が好きでこうした大会を勝ち抜いた高校生がどのような就職先を目指すのか尋ねたところ、我々の業界（測定分析業界）を目指す生徒がいるそうである。高校野球から憧れのプロ野球に飛び込む球児と同じように、分析の世界を夢見ている高校生がいることを我々はしっかり受け止め、事業活動を展開することが必要である。

ポイント１０：

　人は叱って鍛えるものという考えは古い時代の遺物であるが、かと言って甘やかして育てた人材が活躍するとも思えない。求められるのは、自分でものを考え、自分の意見を客観的に述べ、責任を持って自ら行動できる人材である

3.8.4　教育訓練

（1）教育・訓練とは何か

【情景 3.8.3】

　教育訓練に関するある測定分析会社の会話の一コマである。

上　　司：明日、審査があるから教育訓練計画、資格認定表、スキルマップ表が
　　　　　最新版になっているか確認しておいてくれ。

社員Ａ：ええ、そんなこと急に言われても困りますよ。
　　　　　審査は、品証室が対応するので、品証室に確認してみます。

　　　・・・

品証室：それは各部署で運用し、関係する記録は総務部で保管するルールですよ。

　　　・・・

社員Ａ：品証室に聞いたら、それは部署対応ということでしたので、ルール
　　　　　に詳しいＢ君に確認してみます。

社員Ｂ：4月に入社したＣ君は現場で基礎教育を実施し、技術者としての認
　　　　　定も行いました。教育記録と認定に必要な技術関係の記録を作成し、
　　　　　Ａさんに提出しましたよ。

社員Ａ：そうだっけ。黙って机の上に置かれても困るよ。俺、忙しいんだから。
　　　　　机の上を見ればわかるでしょ。書類の山なんだから。
　　　　　黙って置くんじゃなく、ひと声かけるのがコミュニケーションでしょ。
　　　　　入社時に教えなかった？

社員Ａ：やっと見つかったよ。
　　　　　随分、書類の山の下の方にあったな。
　　　　　あれ、教育訓練計画とスキルマップ表がないぞ。

社員Ｂ：それは、ルール上ではＡさんが作成することになっています。

社員Ａ：なに、何でもかんでも俺のせいにして。本当かよ。
　　　　　記録記録ってうるさいな。
　　　　　部下のことは、すべて俺の頭の中に入っているんだ。
　　　　　それで問題あるか。

　皆さんの会社では、教育訓練計画、社内資格認定、スキルマップ表などの記
録を意味も分からず作成していないだろうか。

　事業展開していく中で人をどう採用、育成し、事業活動に参画させ、成果を

出させるかが経営課題のはずである。ISO の規格がこれらの記録を要求すると言う理由だけで品質システムを構築、運用していないだろうか。会社経営や現場運用上、人の適性や力量などを見極めながら、配置したり、必要であれば配置転換し、別の技術を習得してもらうなどのため、教育訓練計画、資格や力量を示す実績記録が必要となるはずである。有効な計画を作成し運用すること、そしてその有効性を確認し問題があれば見直しを行えるシステムや記録を求めているだけである。会社運営上、当然のことを要求しているだけである。

> ポイント１１：
> ・スキルマップを作れば、人が育つものでもない
> ・自分の周りに埋もれた人材はいないか、人材は人財である

　以下は、ある機械部品メーカーの経営者の言葉である。
　　「事業目標が達成できない理由に人が足りないからというのがログセになっている部署長がいる。そういう部署をよく観察すると一番教育ができていないし、工夫も不足している。」

（２）教育と訓練の考え方

　ところで ISO/IEC17025 は、教育・訓練（原文は training）を定めている。監督者つまり管理職は、それぞれの従業員の技量に関する目標、また従業員の配属、任命の技術的レベルを決めておかねばならない。訓練のニーズを特定する、つまり一人一人に必要な訓練（画一的なものでない）を与える必要がある。更に訓練プログラムを準備し、実施された訓練の結果が十分なレベルに達しているかの判断が要求されている。それを力量とする。なお訓練の結果が十分なレベルに達したと判断するには、訓練時間や観察した結果だけでなく、実際の測定分析の精度と真度が定量的な基準に達しているかどうか、統計的手法を用いて確認するのがよい。

　さて training は「訓練」であり、「教育・訓練」ではないの議論がある。ISO/IEC17025 6.2.5 の e 項は、JIS に「要員の教育・訓練」としてあるが、原文（英文）が「training of personnel」である。それぞれの要員が担う業務の範囲を明確に決め、業務が間違いなく実行できるようにすればよいの考え方がこの training から読み

取れる。いわゆるエンジニアと training の対象のオペレーターを階層づける欧米流の考え方であろう。

（3）教育訓練の事例

　雑誌の記事等に紹介された「教育」の実態をみると、教育の方法を定めていない事業所から社内教育はないが社外の講習に参加する事業所、勉強会や技能試験を利用する事業所、OJT と外部機関及び技能試験で行う事業所等様々と分かる。

　市村幸夫ら（神奈川県環境計量協議会：神環協）[74] が、「本人の自覚が基本であり、勿論常時管理者が OJT を行い教育の場を与え、動機づけを配慮し」として、具体的な教育の方法を挙げている。ただ研修事業を行う神環協技術部会としての考えと思うので、個々の分析会社が現実的に行える方法を加え整理すると次になる。

(ア)社外講演会・見学会への参加（分析機器メーカーや業界の研修会）

(イ)社外の発表会に参加（業界の発表会、学会など）

(ウ)定期的社内勉強会（技術発表会、技術紹介など社内での報告会）

(エ)OJT

(オ)国家資格取得の奨励（公害防止管理者、環境計量士、技術士など）

ところでそれらは、前に述べた環境と測定技術誌の「事業所訪問」の記事にある、従業員教育として多くが採用する方法に等しい。更にそれらに加えて品質システムに従った計画を作り実施する事例もその記事にある。経営層、管理職、一般従業員に層別した教育計画、社内の講演会、推進部門の設置、情報の収集と活用など地道な活動も行われている。その記事から実施された教育訓練方法の変遷を、2.3.5（2）

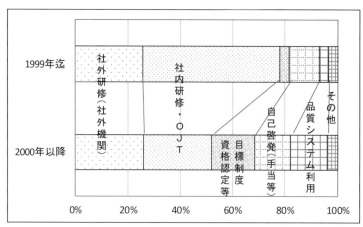

図 3.8.3　教育訓練の実施状況 [75]

節の精度管理と同様にまとめると、図 3.8.3 となる。なお一つの事業所が複数の方法を用いる場合もあるが、図は単純に加算し集計した結果を示す。その記事から研修・教育・訓練の実施事例の一部を表 3.8.3 に示す。

表 3.8.3　研修・教育・訓練の事例

（A 社）1994 年：社内研修 [76]
新入社員教育は一般的な方法でやっていますが、OJT を基本にして、それに各種の方法を組み合わせています。春と秋、社内研究発表会を開催します。これは 2 日間かけていますが・・・
（B 社）1994 年：社内研修 [77]
ほとんどが OJT ですが、他に 2 ヶ月に 1 回ずつ計量士が主宰して技術発表会をテーマを決めて開いています。時間外に手当なしにやっています・・・
（C 社）2002 年：社内研修 [78]
OJT 教育では「目標管理」を取り入れました。これは ISO9001 の「教育」の中で個人個人が目標を掲げるようになっているのを採用したわけです。
（D 社）2003 年：品質システムの利用 [79]
ISO9002 で規定していますのは、その業務を遂行するのに必要な資格と能力を備えることですが、各担当者に次の年は何を取得するかということで計画を立て、それを毎年繰返していく。それによって個人個人のレベルアップを図っていくことになっています。
（E 社）2006 年：品質システムの利用 [80]
新入社員の研修が終わりますと、5 月初めに役員への報告会を行い、その後は各部署での ISO に定めた計画に従っての教育になります。これがなかなか難しく、年度ごとの全体教育カリキュラムを作る必要があると考えています。
（F 社）2008 年：目標管理 [81]
入社とともに 1 週間ずつかけて各部署を回ったりする新入社員教育を行い、その後、各部署に配属しますが、先ほど申し上げましたように各人に目標を設定して力量アップを目指す中で、力量不足の部分の教育をするという目標で、いま計画を作っているところです。各部署の目標遂行計画があるわけですが、その中で各人の教育計画が立てられ、それを OJT でやるのか外部研修でやるのかを選択して教育を行い、その記録を残し・・・

図 3.8.3 から「社外研修など社外機関の利用」及び「資格手当などによる自己啓発」の割合は、それぞれ 25%強及び 10%強あり、2000 年の前後で変わらない。一方「社内研修会、ＯＪＴなど社内研修」の割合は、1999 年迄半数近くあったのが 2000 年以降四分の一と半減した。「目標制度、資格認定や小集団活動など制度構築」そして「品質システムの仕組みの利用」の割合は、1999 年迄の数%から 2000 年以降の 15%前後と 4～5 倍に増えた。要するに「社内研修」が「目標制度、資格認定や小集団活動など制度構築」そして「品質システムの仕組みの利用」に置き変わったのが分かる。

それら教育訓練のうち、従来から行われている OJT は、有効な手段であるが業務遂行を優先し内容を十分理解せず、単に遂行能力をつけるだけになりかねないの意見[82]がある。つまり業務の引継ぎに終わってしまう欠点がある。その欠点を補うため、SOP、テキストなどの引継ぎに使え、見直し可能な文書を必ず準備するのがよい。社内講師による従業員教育も実施されている。しかしこれも工夫がなければ本当に実効が上がるかどうか疑問を残す。

2000 年以降多く採用されるようになった目標制度、資格認定や小集団活動など制度構築、そして品質システムの仕組みを利用する方法は、計画を立て実施する PDCA を回せる方法であり、個人毎に教育と訓練を適用する特徴がある。そして教育を人事制度と関連させる考え[83]がある。経営目標を部門目標から最終的に個人目標に落とし、目標と実績による評価を行うとともに、業務遂行に必要な能力を持たせるように教育を利用する。

（4）教育・訓練の具体的方法

資源の一つである人の管理だけが事業の効率化をなす。教育・訓練の仕組みを組合せ、従業員のレベルアップを図り、資源の一つである従業員を充実させ、事業の効率化を図り展開に備えるのが経営層の役割と考えられる。

従業員それぞれが過去の経験や学歴が異なるので、それぞれにどの訓練を行えば割り当てる仕事をこなせるようになるか、一人ひとりの必要性を確認して必要な訓練を与えなければならない。分析会社は、担当者が与えられた仕事を適正に遂行して、始めて事業が成り立つ。担当業務の実行能力、力量が最も重要である。必要に応じた教育訓練を実施して、この能力を高めるのが大切である。

測定分析業に求められている研修の必要事項の一例を表 3.8.4 に示す。測定分析業の業務は、当然測定分析の技術そしてそれに用いる装置の知識を持たねばならない。そして公定法及び環境関連法など業務遂行に必要な法知識が必要で

あろう。加えて組織として業務を行うので統制のための業務管理の知識も要る。

表 3.8.4　研修の必要事項

研修必要事項		細目	新人	リーダ一層	管理職
法（業務に関連する法令）	統制（管理職が習得すべき手法） 測定分析の技術	適用法の知識	●	●	
		法改正	●	●	
		標準化		●	●
		分析手順	●		
		機器操作	●		
		解析・解釈	●		
		新規技術		●	
		最新の機器		●	●
		設備管理	●	●	
		精度管理	●	●	
		（業務管理）経理、労務、販売、顧客、施設、購買、苦情、安全衛生、環境		●	●

　従って測定分析業では、(a)法、そして(b)分析機器、(c)分析方法、(d)精度管理
を含む業務管理の四つについて
　①法改正、新技術の情報収集
　②新人教育ほかの総合的な研修
　③OJT による日常業務の訓練
を行うのが基本的な教育訓練の方法と考える。新技術の情報入手を進めその導
入と教育及び事業の展開を行う仕組み、及び従業員の相互啓発が可能な仕組み
の導入が、従業員全体のレベルアップと業務の改善活動を推進するであろう。
前節 3.8.4(3)節の(ｱ)から(ｴ)の教育を、考えもなく漠然と実施しても、又は独立の
教育だけの仕組みとして実施しても、効果は上がりにくいであろう。目標管理
又は人事評価制度と組み合わせ一体化し、有効な仕組みとしたい。まず、
　(i) 個人毎のニーズによる研修計画に基づいたレベル向上の仕組み
を取り入れる。そして研修や訓練ではないが、

(ii)職場単位の業務改善と相互啓発

を準備し加えて、教育訓練の仕組みとしたい。

　教育・訓練の具体的方法の一つは、担当する業務と目標管理そして人事評価と組み合わせた教育の仕組みである。勿論事業と業務の進むべき方向と従業員の教育育成の考え方及び人事評価の仕組みについて、会社としての方針を明らかにし共通の実施方法を準備し、管理職に伝えなければならない。その計画と記録の一例を表3.8.5に示す。

　(i)の準備として、それぞれの職務分掌が明確である場合、それに従い実績を評価して、目標を定める。職務分掌が未整備の場合、社員それぞれに自身の職務記述書を作成させればよい。その職務記述書を改善しながら、編集しまとめれば職務分掌が整う。担当の業務を土台に、それぞれの目標を定め、自己啓発を含む教育訓練の計画を作る。

　単に紙上で計画し評価するだけとしてならない。管理職が、それぞれ従業員と面談してどの方向に進むべきか示す。そして従業員それぞれに自身の能力に何を加えなければならないか示す。それを二者で話し合い、教育として何を与えるべきか判断し、表3.8.5の記録にまとめ実施する。面談だけでも自己啓発の有効な手段となり得る。

表3.8.5　職務記述と教育、評価を組み合わせた記録の例

代表的な業務と責任		
業務区分	内容	評価
水質分析	生活項目の測定をする。pH、BOD、COD、SS、TOC	
	上司の指示に従い、関連の作業を行う	
	試料管理を行うと共に試料保管の効率を改善する	
	ICP 機器分析講習会に参加する	
	ICP 測定操作を計画に従い習熟する	
今期の目標		
課題	ICP 測定操作の習熟	
方法	計画に従い、OJT により操作を実習	
目標	9 月までに定例排水分析が実施できること	
結果		

教育は一般に全従業員に適用すべきと考えられがちであるが、例えば自ら学ぶ意思の低い従業員に研修を受けさせるのは苦痛を与えるに等しく効果も上がらない。従業員それぞれに必要な計画を立てる。この計画は、教育担当部署の仕事でなく、上司である管理職又は経営層の業務の一つである。

　事業に必要な業務管理の能力そしてマネジメント力は、仕事を計画通りに遂行する能力及び問題解決能力、スピード感覚の豊かさから構成される[84]。そうした能力のある管理ができる人間を育てられるかどうかが、事業の将来を左右する。そうした教育訓練にどれだけ資源を配分するかは、経営層が決めなければならない。

（5）分析会社の目指す方法

　さて ISO/IEC17025 に示された方法は、我々の制度、従来から行われてきている日本の企業の雇用形態に合っていると判断でき、そして従業員の技術レベル向上に有効と期待できるのだろうか。前節の事例にもあるように日本の企業では、多くの業務に携わるよう従業員のローテーションを組み、その中から経験とともに多くを学ばせる。

　マネジメントの重要な課題の一つは継続的かつ体系的な人の配置の努力であり、人的資源即ち人こそ最も大きな潜在能力を持つ資源である[85]。愛環協の行った平成 30 年度景況調査アンケート集計[86]も、経営課題で最も多い回答が技術者教育（約20%）となっている。そのアンケートの結果は毎年同じ傾向を示す。日環協の機関誌に継続して掲載された事業所訪問記事を見ると、1995 年当時[38]と今も、重要と考えている割に合目的的でなく工夫もされていないように思える。

　繰り返すが分析会社は、3.8.1 節の通り高学歴者が多い技術系の事業を営み、市場と産業の小ささから高学歴の人材確保が困難で、社内に人の余裕がなく育成まで手が回らない状況がある。計画と実行そしてその結果の見直しを繰り返し、人材の育成を目的を掲げ継続的に行いたい。高学歴な人材は、教育に必要な投資がより少なくて済むはずである。準備された教育の仕組みは、新卒者に成長の機会を与え、採用活動を加勢する。前述の目標制度又は人事評価と組合せた教育訓練の仕組みを、PDCA を回しスパイラルアップ（継続改善）する方法が、遠回りのようで実は近道ではないかと考える。

3.9 文書と記録・法定届出事務

3.9.1 文書

　品質管理は、顧客の求める品質を十分に満たす品物又はサービスを作り出すための体系的な活動であり、継続的改善と工程管理が重要な鍵とされる。文書は、その基礎の一つである。つまり品質管理は、PDCA のサイクルを回し、品質を満たす品物又はサービスを提供する目的を、継続的に効果的にかつ効率的に達成することであり、その基礎手段が文書である[87) 88)]。

　測定分析業務を管理する場合、その出力された測定分析の結果を管理（例えば精度管理を適用、検査を実施など）しなければならない。加えて入力の一つである測定分析手順を守らせ、それに必要な訓練を与え、手順の実施状況も管理しなければならない。この場合文書は、手順の土台になりそして短期間に人の養成を可能にし、更に測定分析の手順を均質にして、精度を一定に保つ手段の一つになる。加えて文書はコミュニケーションの道具であり、実証の手段である[89)]。

　全てにマニュアルを作るのでなく、手順書を作る業務及び指針に留める業務に区分する。3.5.1（2）節の規制に関する公定法などは、手順書を整備しなければならない。測定分析に限らず法定業務は、明確な手順を定めておく。一方経験や臨機応変の裁量が必要な分析そして多様な非定型業務、例えば分析なら3.5.1（3）節のような一品一葉の分析そして総務の扱うような業務などは、指針がよい。手順書による制約は、創造的な方法や効率的な方法が見出せなくなる可能性もあり得る。

　一方で機械的に手順書に従った処理だけでは適正な結果が期待できない場合もあり、臨機応変な処理対応ができるような従業員の養成も求められる。ハンバーガーショップのように常に「いらっしゃいませ、こんにちは」の一辺倒ではダメな場合も生じる。気配りそして創造的な行為が要る。規定順守を求めるのと同時に自由裁量を認めるのも必要であろう[90)]。

　会社という組織で業務を行うため、その構成員に必要な事柄を連絡そして伝達しなければ業務の円滑な遂行を望めない。従って手順書のほかに、組織宛、職名宛の文書が連発される。ただしそれら文書の多くは時間とともに消失する運命にあり、ある期間後に同じ内容が繰り返される状況はよく耳にする。それらを集約し、見直し、維持する仕組みを考えなければ、効率的な事業の運営は望めない。メモによる伝達が無く大半の人が口頭による連絡で済ましてしまう

などの場合、文書によるコミュニケーションが下手な状況に留まるためそれが可能かどうかわからない。しかし維持と見直しが必要と認識させるのは経営層の役割であり、主体となる管理職がリーダーシップをとり実行し実行させなければならない。

　報告書関連不適合の内訳を図3.9.1に示すが、手順に関連する不適合は3分の1から見方により2分の1を占めており、手順の整備が品質確保の鍵になる。一方報告書関連のほか、本業でない総務や経理の業務にも手順起因の不適合はある。その是正の結果手順書の準備が必要と判断される場合もある。是正を契機にした手順書の作成もあるが、文書の整備は、一部だけで進めると組織的な活動になりにくいため、効果が得られにくい。分析会社の業務全体を解析し、SOPだけでなく必要な文書の計画的な準備を考えたい。

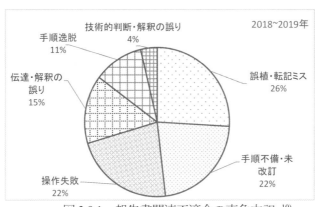

図 3.9.1　報告書関連不適合の事象内訳 10)

　そうした文書の整備は、職務分析の結果特に業務の内容を示す職務記述書が利用できる。例えば社員それぞれの業務の内容、目的及び権限などを書き出させて、職務記述書にまとめる。それを整理し全社の業務を分類し例えば表3.9.1のような一覧表にまとめる。そうした職務分析の結果は、人事考課や人員配置、給与などの基礎資料に用いられる。そして文書も同様に職務に付随するため、その基礎資料を利用すれば、職務に必要な文書が自ずと明確になる。職務の分類から得られた必要な文書は、例えば表3.9.2として示される。必要な書類が整理され、体系化されて、文書の作成計画も作りやすい。勿論前に述べたように手順書を作るべきか指針に留めるかは、職務毎に判断しなければならない。

日常の業務の中で手順書、SOP などの文書の作成を行う活動の継続、そして前述の連絡・伝達文書を含む社内文書を番号付けなどにより体系化する整備は、経営層のリーダーシップの下に管理職の役割であろう。

表 3.9.1　職務一覧（一例）[10]

業務整理番号	業務群	業務	業務の内容	A課	B課	C課	総務
1401	受託業務	排ガス測定、大気関連測定	排ガス測定の実施ととりまとめ	●			
1402	受託業務	作業環境測定	作業環境測定の実施ととりまとめ	●			
1403	受託業務	騒音・振動測定	騒音・振動測定の実施ととりまとめ	●			
2401	受託業務	水質分析（生活項目関連）	排水、環境水等水質分析実施ととりまとめ		●		
2402	受託業務	水質測定（健康項目関連:金属等）	排水、環境水、飲料水等水質分析実施ととりまとめ		●		
2421	受託業務	成分分析（材質分析）	金属材料、有機材料、環境試料等の成分分析実施ととりまとめ		●		
2464	受託業務	有機分析（GC、GCMSによる測定）	PCB、VOC他の分析		●		
2465	受託業務	有機分析（IC、HPLC等による測定）	有機酸、陰イオン等の分析		●		
4402	受託業務	腐食調査	外観マクロミクロ組織SEM観察等による解析			●	
4413	受託業務	アスベスト含有調査	分散顕微鏡やXRDによる測定			●	
8102	総務	財務・経理、資産管理	税金納付、決算処理、資産管理				●
8103	総務	購買	発注、納品確認、伝票処理				●
8104	総務	人事・労務、給与・賞与	給与計算、就業規則、入社退職手続				●
8105	総務	特許事務	特許の事務手続き				●

3.9.2　記録

　測定分析は、図 2.2.3 のように試料採取から分析の実施、結果を得て解析し、報告までの過程を辿り顧客の目的を達成して終わる。測定分析の結果は、単にデータだけでなくその過程や操作など手順が記録され、明確に経過が説明可能でなければならない。分析の結果に疑問を生じた場合、全ての過程を検討しどこに問題が存在するか、何が原因なのか検討しなければならない。そのため記録は十分な詳細さが求められる。①自身の操作が規定通り行われた証拠[91]のため、②検証者がそれにより十分な確認が可能なため、③自身又は後任など他の担当者が今後行う同じ業務の参考にするため、記録するのは測定分析担当者の責任である。記録は整理して保存する。良い記録は分析技術者の財産になり、後になってその姿勢が称賛の対象にもなりうる。

　訂正は見え消しで行わねばならない。一字の修正では誤解されまずい場合もあるため、一語全部または一つのデータの全体を訂正するのがよい。修正部に訂正日と理由を書き添える。野帳などの記録が複数の担当者で共用される場合、氏名も記載しないと訂正実施者が判らなくなる。

記録は、部門毎に同じ様式にすれば、第三者が記載内容及びデータをより円滑に確認できる。エクセルなどを用いてよいし、様式が同じ記録用紙を利用したり、ゴム印などにより記入欄を作れるようにしておくとよい[92]。一方指定した様式を繰返し利用していくと、業務の固定化を招き効率化に逆行するなど問題を生じる場合も発生する。ほかの業務と同様に、記録の様式や手順の定期的な見直しと改善を行わねばならない。様式の維持又は改善は、管理職の責任の一つである。文書同様測定分析を含む業務全体に必要な記録を、表 3.9.2 に対応して整理し見直すのが良い。そして顧客管理などをはじめとする業務のデータベースにも繋げたい。3.11.3 節に述べるが、定量的な記録を残すのが良く、記録を目的にした無駄な書類を極力少なくしたい。

表3.9.2　業務に必要な文書類（一部）[10]

表3.9.2　業務に必要な文書類（一部）（上段）

全社共通	経営	総務	営業	営業 業務	技術 共通	環境分析（サンプリング）
（一般）他の業務に属さない業務の基準又は指針	（一般）他の業務に属さない業務の文書	（一般）他の業務に属さない業務の文書	（一般）他の業務に属さない業務の文書	（一般）他の業務に属さない業務の文書	（一般）他の業務に属さない業務の文書	（一般）他の業務に属さない業務の文書
（人事）就業規則及びその関連規則	（経営）運用計画と方針、予算、決算の文書	（試算）決算現預金管理	（予算）売上予算管理に関する文書	（試験）採水計画、採水業務、機器管理の方法の文書	（受付）受付依頼書、受託打合せの部内共通規則	（排ガス）排ガス測定の文書
（経理）事業規程及びその細則、証明書等の標準	（経理）利益管理・経理管理の文書	（経理）決算処理、資産管理の文書	（販促）情報入手、マーケティングなどの手順	（納品）納品、試料授受に関する文書	（進捗）納期・進捗管理、工程調整の部内共通規則	（作業）作業環境測定の文書
（商品）製品標準、仕上本と梱包の基準又は指針	（株主）株主総会・株主対応の文書	（株主）株主対応の文書	（販促）販促企画、販促資料作成、イベント企画の文書		（分担）人員配分・業務分担指図方の部内共通規則	（騒音）騒音・振動測定の文書
（受注）受注契約の基準又は指針	（営業）営業管理・売上促進、広告広報、新規事業の文書	（文書管理）帳票、図書、分析依頼書の管理方法の文書	（受注）受注受付合せ、見積書作成、注文契約の文書		（外注）外注委託と結果受領の部内共通規則	（環境）環境測定の文書
（購買）購買及び発注方針、仕入れの基準又は指針	（人事）採用契約、人事・組織、労務管理、給与管理の文書	（販売管理）販売管理、請求・入金、支払処理の文書	（営業管理）販促管理、提案、技術的相談など営業活動の文書		（購買）原資材購買管理、原価管理の部内共通規則	（DXN）ダイオキシン類測定の文書
（要員）教育・訓練、OJTの実施基準又は指針	（法定事務）法定業務・届出の文書	（営業支援）組合、挨拶状、接待実施等の文書	（納品）納品、説明、集金、相談などの対応に関する文書		（試験）標準、試料集の管理の部内共通規則	（土壌）土壌関連の文書
（施設）施設設備の使用に関する基準又は指針	（システム）方針作成、マネジメントレビューほかの文書	（購入）消耗品、資材・事務用品、廃棄物処理の文書	（ケア）顧客のアフターケア及び維持関連の文書		（技術サービス）営業同行、問合せ対応の部内共通規則	（試料）サンプリング手順等の文書

表3.9.2　業務に必要な文書類（一部）（下段）

環境分析（水質）	材料分析（成分）	材料分析（有機）	材料分析（材料）	材料分析（試験）	製品	管理
（一般）他の業務に属さない業務の文書	（一般）他の業務に属さない業務の文書	（一般）他の業務に属さない業務の文書	（一般）他の業務に属さない業務の文書	（一般）他の業務に属さない業務の文書	（一般）他の業務に属さない業務の文書	（一般）他の業務に属さない業務の文書
（生活）水質分析・生活項目の測定関連の文書	（成分）成分分析の関連文書(1)	（水）有機分析関連文書(1)	（故障調査）不具合調査関連文書	（受注）受注・契約、納期管理・進捗管理に関する文書	（計画）受注とその処理・生産計画、工程管理の文書	（法定事務）技術関連の法定業務に関する文書
（健康）水質分析・健康項目の測定関連の文書(1)	（成分）成分分析の関連文書(2)	（他）有機分析関連文書(2)	（腐食調査）腐食調査の関連文書	（外注）外注・外注先委託関係に関する文書	（購買（原資材））原材と資材の順入管理に関する文書	（事務局）計量法ほかシステム事務に関する文書
（排水）水質分析・排ガス・作業環境関連測定の文書		（排）有機分析関連文書(3)	（材料調査）出荷検査・品質検査の関連文書	（技術サービス）購買、原価管理に関する文書	（施設設備）製造所及び製造設備の保守管理の関連文書	（設備）機器保守点検と設備管理等の維持管理の文書
（上水）水質分析・水道水関連測定の文書		（G）有機分析関連文書(4)	（異物調査）変色、付着物の調査関連文書	（設備資材）設備管理、資機材に関する文書	（外注）外注・注文受領に関する文書	（OA）IT・OA機器の関連文書
（溶出）水質分析・溶出試験の関連文書		（D）有機分析関連文書(5)	（結晶構造解析）結晶構造解析の関連文書	（方法）金属材料調査の方法、SOPなど試験文書	（製造方法）製品の製造方法に関する文書	（文書管理）文書等情報配布の法定文書
（薬局方）水質分析・薬局方の測定関連の文書		（土）有機分析関連文書(6)	（作業環境）作業環境関連文書		（品質管理）製品の品質管理に関する文書	（技能試験）技能試験等外部品質の関連文書
（土壌）水質分析・土壌関連の測定の文書		（溶）有機分析関連文書(7)	（石綿）アスベスト含有調査の関連文書		（出荷管理）出荷管理と在庫管理に関する文書	（精度管理）精度管理報告書確認、改善活動業務に関する文書

3.9.3 法令情報の入手

　事業経営を行う上で法規制への対応や事業登録に関する法定届出事務はやっかいな作業となり、四苦八苦している組織も多いと思う。以下に改正動向の調査を始め入手方法、情報の読取に関する事例を紹介する。

（1）改正動向の調査

【情景 3.9.1】

　ある測定分析会社の法令改正動向の調査に関する会話の一コマである。

　社員Ａ：最近、環境基準が改正されたって聞いたんだけど、何のことだかわかる？

　社員Ｂ：水質汚濁に係る環境基準（環境庁告示第 59 号）の付表の変更のことじゃあないですか。全シアンの流れ分析法が付表 1 とされたので、総水銀など順繰りに付表番号がずれちゃって、計量証明書を作成するソフトのプログラム変更が必要になっちゃいましたよ。

　社員Ａ：そうか。でもどうやってその情報を入手したんだ。

　社員Ｂ：環境省のＨＰから入手したんですよ。
　　　　　メールマガジンに登録しておくと定期的に法改正情報などが入手できるんですよ。

　社員Ａ：それは便利でいいな。
　　　　　俺たちのころは、インターネットがないから法改正情報の入手は困ったよ。

　社員Ｂ：法改正情報を有料で提供してくれる会社もあるくらいですからね。
　　　　　でも法律って難しいんで改正情報を入手してもそれをどう解釈するか、その解釈によって業務にどのように影響するかを判断しないと意味がないです。
　　　　　また、結構お客様から法改正情報について聞かれたりするので営業とも情報を共有しておく必要があります。

　社員Ａ：昔は、逆に営業が行政や業界団体から聞き出してくることの方が多かったんじゃないかな。一番恥ずかしいのは、俺たちが改正情報を知らないでお客様から教えて戴くことだな。

　社員Ｂ：そうですね。まずはお客様より早く情報を入手し、業務に支障のない体制を迅速につくることが必要です。
　　　　　基準値の変更の場合は、定量下限や検出下限の見直しなど分析技術

にも大いに関係してきますからね。やはり我々は科学的な根拠をもとに対応していくことが必要です。

社員Ａ：うれしいこと言ってくれるね。

B君からそんな話しを聞けるとは涙が出てくるよ。

社員Ｂ：感激していただいたついでと言ってはなんですが、先日の水銀に関する排ガスの測定方法などの改正は国際条約との関係で国内法の改正などが行われたんですからね。そういった意味では、国際的な動きにも我々は注意を払っていないと時代についていけないということです。

それでと言ってはなんですが、来週、協会で法改正についてのセミナーが東京で開催されるそうなんですが、出席してもいいですか。運悪くその日は排ガス測定と重なっているんですが、Ａさん代わっていただけますか。

社員Ａ：君もうまくなったな。いや、俺の指導で成長したんだな。

ああ、散々褒めた手前、いやとは言えないな。

来週の排ガス測定は私が行かせていただきますよ。

　法令情報の入手は、どの会社も頭の痛い問題であると思う。なかなか専属の従業員を配置する余裕がないとなると、個々人の力量に頼らざるを得ないであろうし、法改正情報を他の会社より少しでも早く入手し対応体制を整えたいと考えるであろう。JISや国の各種審議会、委員会に人を派遣したり、行政が発信する法改正に関する審議会の審議議事録を入手し注意深く読み取ることで事前に法改正の動向を探ることは可能であるが、それなりの労力が必要である。

```
ポイント１２：
　・まずは、正確な法改正動向を掴み、素早く対応すること
　・漫然と官公庁のＨＰを閲覧するのではなく、審議会情報など
　　検索すべき事項を絞り込むこと
```

（２）入手方法

　法改正情報の一般的な入手方法としては、①官報、②法令集、③行政・協会等主催の法改正説明会、④法令提供システム等（総務省のいわゆる e-Gov ほかイ

ンターネット）がある。それらを組み合わせ調査するとよいが、改正情報は即時性のある①及び③が主体であろう。官報は、発行後短期間インターネットに掲載され無料閲覧できる。一方、改正情報が②や④に反映されるのは遅い。他に無料の方法として、官公庁のメールマガジンに登録し法令改正情報を入手する方法も有効である。有料とはなるが、専門のコンサルタント会社から法令情報を入手する方法は手っ取り早く確かな方法である。

（3）情報の読取

　法令情報は、折角入手してもその内容を読み取るのが一苦労である。情報を読み取るには法律用語や法体系への理解が必要になるし、関係する分析、調査、業務にも精通していないと改正がどう自身の業務に関係してくるのか、影響の範囲がわからない。わからないままであれば生きた情報にならない。この作業に対応できる人材を育成していかないと、少ない人数で組織運営している会社は苦しくなる。

　法律、その下位規定及び関連する告示法並びに日本産業規格など、法定届出事務及び測定分析方法を始め業務遂行に関連する改正情報の入手は、事業活動を展開していく上で必須であり重要である。

> ポイント１３：
> ・法改正の背景や狙いを把握し、顧客対応に活用すること
> ・パブリックコメントは重要な情報源である

3.9.4　法規制への対応

（1）法令順守

　法の特定とともに、ISO の重要な要求事項に法令順守がある。審査前に慌てて記録だけ作成する対応をしないよう、ISO 取得組織は注意しなければならない。法令順守は、会社経営を考えれば当然の話である。法令違反を犯せば事業を継続できなくなる場合もある。法令順守は会社経営上の最低限のルールである。通常、業務に関係する法律（事業登録や業務遂行に必要な環境法令など）は、多くが特に意識することなく日常業務の中で対応しているであろう。

　情景 3.9.1 に例として挙げた環境基準は、自身の仕事に直接関係するので当然対応する。しかしながらこれが施設管理に関係する事項になると途端に怪しく

なるであろう。例えば、業務拡大のため、有害物質を扱う分析室を増設し、洗浄施設として流し台（シンク）を設置する場合、水質汚濁防止法の特定施設に関する届出が要る。こうした届出はついつい忘れがちになる。業務優先、事業優先の考えが強ければ強いほど、こうした法令順守は疎かになりがちである。

　我々法に基づき測定分析業務を行う業界人としては、きっちり法に対応し法令順守の模範とならなければいけない。法の入手及び順守、届出それぞれに適用される法律等の一覧表を準備し、失態のないようにする必要がある。

　自社の事業拡大などに伴う、施設工事・修理に関連する事前の法令調査、環境影響調査・評価（騒音、振動、水質、土壌など）、行政への届出作業などの経験は、お客様からの同様の相談事に対応する時の格好の材料（情報）となる。

ポイント１４：
　　事業展開における自らの経験をお客様からの相談対応に活かすためにも、法令調査、環境影響調査・評価、届出方法などに関する情報及び記録は宝である

（２）法定届出事務

　測定分析業に関連する主な法定届出事務を表 3.9.3 に示す。計量証明事業所などの法定事業は、監督官庁への届出が付随し、変更の届出等の維持業務が必須である。業務を遂行する上で何らかの変更が必要になった場合、法定届出の要否を確認しなければならない。例えば

・特定計量器であるガスメーターの追加購入
・計量証明を行う対象物質の追加
・登録されていない劇物の製剤を注文に従い製造

などは、事前又は事後に変更の届出がされなければ行えない。

　管理職は、届出された登録内容を把握しておかねばならない。そして必要になった場合、管理職の責任の一つとして、担当部門が行うであろう監督官庁への届出作業について把握し、必要な場合指示しなければならない。この節に関連する事柄を 3.15 節にも示した。

表 3.9.3　測定分析業の主な法定届出事務（その 1 : 資格）

届出資格	根拠法令等	代表的な法定届出維持業務
計量証明事業	計量法	登録事項及び事業規程の変更例えば計量器の変更などは届出が必要／年度毎に知事に報告書提出／計量の記録の 1 年保存ほか
作業環境測定機関	作業環境測定法	登録事項と業務規程の変更を生じた際届出／事業年度毎に事業報告書提出／提出は労働局／測定の記録の 5 年保存ほか
建築物飲料水水質検査業	建築物における衛生的環境の確保に関する法律	6 年毎に再登録／登録事項に変更あれば届出／知事に届出／測定結果の保存ほか
水質検査機関	水道法	3 年毎に登録更新／登録事項に変更あれば届出／厚生労働省に届出／水質検査結果の 5 年保存ほか
指定調査機関	土壌汚染対策法	5 年毎に登録更新／要請時（又は定期）に環境省に現況報告／調査結果の保存、帳簿を 5 年保存ほか
毒物劇物製造業、毒物劇物販売業	毒物及び劇物取締法	5 年又は 6 年毎に登録更新／保管（例えば施錠保管）、譲渡等の際の手続き有り

表 3.9.3　測定分析業の主な法定届出事務（その 2 : 設置及び取扱い）

届出業務	根拠法令等	代表的な法定届出維持業務
放射性同位元素の使用の届出	放射性同位元素等による放射線障害の防止に関する法律	変更時の届出（ECD 増設など）／毎年放射線管理状況報告書提出
高周波利用設備の許可申請	電波法	マイクロウェーブ前処理装置（電子レンジ）や ICP の設置の際提出
高圧ガスの貯蔵及び取扱いの届出	火災予防条例	3 トン 300 ㎥ いわゆる普通のボンベ（7 ㎥）43 本以上の貯蔵は高圧ガス保安法適用
機械等設置届	労働安全衛生法	有機溶剤取扱いのドラフトチャンバー、ECD などの設置／作業環境測定
消防用設備の設置と点検	消防法	消火器などの配置／消防用設備の点検と報告
特定施設の設置	水質汚濁防止法、下水道法	排水処理装置、大型のコンプレッサーなど／排水水質測定など
毒物劇物の使用	毒物及び劇物取締法	保管（例えば施錠保管）、表示等の規定有り／購入使用などの記録

3.10　施設

3.10.1　施設と５Ｓ

【情景 3.10.1】：何故、品質向上に５Ｓを求められるのか

　ある測定分析会社の分析室における一コマである。

　社員Ａ：最近、社長が５Ｓ、５Ｓってうるさいけど、どういうことかな。
　　　　　整理整頓しろというけど、俺が使いやすいように器具や薬品を配置し
　　　　　てどこがいけないの。俺がわかればいいでしょ。
　　　　　分析台の上が汚いっていうけど俺はこれで十分に作業できるよ。

　社員Ｂ：だけど、この分析台、Ａさんだけが使うわけじゃないですよ。
　　　　　決められた場所に器具や薬品がないからいつも探すのに一苦労して
　　　　　ますよ。こういうのが「ムダ」っていうことですかね。

　社員Ａ：そうだったの。

　社員Ｂ：Ａさんが使った後の分析台は、何がこぼれているのかわからないの
　　　　　で、みんなまず拭き掃除してから作業していますよ。
　　　　　この間、滴定操作の終点確認に濾紙を使用した後にその濾紙を分析台
　　　　　の上に置いたら、変色しましたよ。
　　　　　確かあの時、私の前にＡさんがこの分析台で試薬調整をしていました
　　　　　よね、過マンガン酸カリウムか何かですかね。薬品をこぼしたまま
　　　　　作業していませんか、作業が終った後、机の上を掃除しましたか。
　　　　　私は、汚染が心配になって、もう一度滴定をやり直しましたよ。

　社員Ａ：まったく、何でもかんでも俺のせいにしやがって。
　　　　　無駄な時間やコスト、品質不良は俺が作り出しているってことですか。

　社内で上記のような会話をしていないだろうか。我々の仕事は、信頼性や品
質を求められる。整理、整頓、清掃、清潔、躾の５Ｓは当然のように求められ
る。あまりに当たり前のことを従業員に徹底させるのは簡単なようでなかなか
浸透しない。５Ｓで会社の評価が変わるのか、仕事が増えるのかという声が聞
こえてきそうであるが、ゴミだらけ、サビだらけの分析室をお客様が見たら何
と思うだろうか。

　以下は、ある機械部品メーカーの経営者の言葉である。

　①「社内からムダ、ムラ、ムリを徹底的に取除くための努力を一日たりとも
　　　怠ってはならない。そのうち最大のムダは業務処理や問題処理を確実か

つ迅速にできない人材であることを知らねばならない。」

②「一流企業と三流企業との差は製品の差ではなく、社員の品質の差である。６Ｓ（整理、整頓、清潔、清掃、躾、作法）がいかに基本に忠実にできているか否かによる。」

分析室 48)   分析台 48)

　訪問した会社の、品質や環境に対する姿勢を確認する一番よい方法は、まずトイレに入ることだ。トイレが手入れされ、きれいに清掃されているのは、その会社の品質や環境に対する取組み姿勢や従業員への指導が徹底されている証拠である。

　因みに新卒者募集のため、大学に出向く機会があるが同じである。古い建物でもトイレや構内はきれいな某大学。建物は新しいのに構内にゴミが落ちていたりトイレが汚かったりする某大学。さてさて、皆さんはどちらの学生さんを採用したいだろうか。

> ポイント１５：
> 　人から見られることを意識した施設管理や職場環境つくりが必要

3.10.2　施設の管理

（１）管理対象施設と環境条件

　考えるべき施設は、分析室、換気設備、電気設備、実験台、ドラフトチャンバー、試料保管庫、高圧ガスボンベ室、試薬（毒物・劇物）保管室、危険物保管庫、

廃棄物保管室、排水処理設備などがある。自社の取り扱う業務全般に適合可能な環境条件を設定するとよい。安全衛生上そして環境保全上の必要な環境条件も決める。

（2）温湿度管理

特殊な測定分析を除き、一般に分析室内の温度と湿度を対象にする。その温湿度は現状の環境条件を測定し、その実績値を基に標準偏差を求めその管理範囲を決めてよい。自動記録式の温湿度計（例えばデータロガー式）を購入し記録すれば、解析に十分なデータを得る。管理基準を設ける場合、2σを管理幅とすればよい[93]。

エアコンの効いた快適な分析室で分析作業がされているが、人に快適な条件としてであり測定分析の条件として管理されているかどうか疑問に思う。3.5.2節に述べたそれぞれの分析業務のばらつきと同様基礎データとして重要と考えられる。しかし実際問題として、分析室の温湿度はあまり気にされていない。基礎データとして収集しかつ管理すべきと考える。

分析室や試料保管室などの温度又は湿度の管理を厳密にする場合、冷暖房用機器（冷凍機）は事務室用の汎用品を使うと、場合により能力が足りない。厳密な管理を行う場合建物の設計時から考慮しておき、後になってから費用をかけた改造が要らないようにしたい。換気設備も HEPA フィルターの装着、壁や天井の材料などその部屋で行う分析目的により選択が必要だ。同様に事前の検討が要る。

（3）ユーティリティズ

近年の分析設備は、消費電力が 1kW を超えるような電力高消費型や200V の動力源を利用する機械が増えている。そのため施設に準備された容量が不足する又は配線されていないのが判って機器購入時に慌てる場合が少なくない。経験がないと準備の際必要なユーティリティズに考慮が至らない場合もあり、電源配線や冷却水にあてる上水道の確認を怠らないようにしたい。

（4）試薬・危険物等の保管

試薬（毒物・劇物）保管室、危険物保管庫、廃棄物保管室は、基本的に必ず施錠する。毒物及び劇物の管理は、3.15.2 節に示す。

（5）ドラフトチャンバー

ドラフトチャンバーは、扉の位置で 0.5m/s の風速が要る。排気ファン及びスクラバーは、能力を考えて準備する。多くは酸又は有機溶剤に用いられると思

うが、耐酸性又は耐溶剤性そして処理対象物質に対応した能力を備えるようにする。高圧ガスボンベ室のガス配管及びドラフトチャンバーの排気ダクトは、建物の設計時に拡張可能なように組み入れておくのが望ましい。それは前述の電気設備、水道、ガスについて同様である。

（6）排水処理

排水処理施設も重要である。中和排出系、重金属廃水系、クロム廃水系、シアン廃水系、有機溶剤系など、取り扱う試料や薬品により複数の処理経路が必要となる。一般的に洗浄排水などの中和排出系の排水量が多く、できれば維持管理を簡単にするため自動処理装置を設けたい。その他は回分（バッチ）式処理で対応できるであろう。

どの廃水をどの経路を用いて処理するか、関係する従業員に伝え、それぞれの施設もラベルなどにより明示する。事故を防ぐため異動した者や新入社員への説明は特に重要である。不用意に下水道に直結する洗浄施設（実験台の流し）から有害物質を含む廃水を流すなどの事故がないようにしたい。

（7）汚染防止

コンタミネーション（混入汚染：コンタミ）防止も必須事項である。コンタミの確認は見落としやすい。広い分析室も、そこで行う測定分析項目が増えれば、用途毎に間仕切りを施すなどして汚染を防止する。空間的な分離と時間的な分離があるが、前者が望ましい。分析室や試料保管室などの天井や什器の材質は、酸を使えば腐食を発生する場合があり、影響を受けない材質とする。分析室に置く保管庫や洗浄施設の配管などは樹脂製が望ましい。

有機塩素系の溶剤やケトン系の溶剤など抽出による分析に用いる溶剤の汚染そして前処理に用いる塩酸やアンモニアによる汚染などに注意しなければならない。揮発性有機化合物が対象のGCMSを設置する部屋など、その汚染による分析の不具合を防ぐため、分析室の前室そして換気口にフィルターを設けたり汚染防止の手段を施す。以前分析室に搬入したガムテープが含む揮発性有機化合物（VOC）による汚染を経験したことがあった。従ってブランク試験など定期的に行って汚染防止に必要な分析室内の状況を継続的に監視しておく。温湿度の管理範囲を決め管理するのと同様、この分析室内の状況管理業務は、管理職の責任のもとに進める。

（8）セキュリティ

分析会社は、毒劇物や危険物を保管したり、顧客の機密情報を入手して業務

を遂行する。そのため施設や分析室のセキュリティ（保安、警備）をどう管理するかが、重要な要素の一つとなろう。

　従業員個人の IC カードキーによる入退室管理、電子錠管理、監視カメラ管理など、電子錠や IC カードキーによるセキュリティシステムと連動させる例、そして施設ごとセキュリティ管理する例などがある。更に従業員の出退所管理と施設のセキュリティ管理を合わせて実施する例もある。予算との兼ね合いもあるが、自社に最適な管理システムの構築が要る。

（9）施設の取扱いと保守

　施設は、建屋などの使い勝手が建築時の設計により定まる。設計に当たって前項までに述べた内容を考慮する。間取りそして電源や配管などの付帯設備は、建築の際に設けるほか改修などにより追加する場合がある。改修による追加分を含む建屋及びその付帯設備は、設備の取扱い及び点検、補修に必要な情報を手引きや取扱説明書などの文書として残す。

　その文書により取扱い及び保守点検、改修と付帯設備の更新などの機会に必要な情報を伝える。その文書は、基本情報として建屋の見取り図、間取りや床面積、そして付帯設備の能力など、表 3.10.1 の内容を記載しておき、利用に供する。多くの人間が関わるため、わかりやすく例えば図 3.10.1 のように図示する。共用部は、点検保守がおろそかになる場合があるので、必ず管理者又は管理部署を決め、例えば表 3.10.2 のように点検方法などを定め、機能を維持する。

表 3.10.1　施設の情報

項目	備考
建築関連情報	建築年、床面積、施工者等
フロアと部屋名称	配置図、床面積、部屋の名称、見取図
照明	設置位置、能力、交換等の保守手順、非常灯の取扱い
電源	キュービクル、分電盤、コンセント配置と電源容量
都市ガス	ガス配管見取り図、コックの位置
高圧ガス	ガス配管系統図、バルブの位置、操作手順、保守点検
空調	設置機器型式、能力、取扱手順
吸排気	換気ダクト、換気扇、換気用フード、それらの能力、配管系統図、取扱手順、保守点検
排ガス処理	スクラバーの能力と仕様、取扱手順、保守点検
ドラフト	能力、用途（酸・溶剤）、保守点検、配置とダクト系統図
給水・衛生	上下水配管系統図、止水栓位置、排水桝位置
洗浄施設と排水	洗浄施設（流し）位置、排水系統図、洗浄施設外の流し位置
排水処理装置	能力と仕様、配管系統図、取扱手順、保守点検
電話と LAN	配置図
届出	建屋、付帯設備関連届出事項
取扱説明書	付帯設備を含む入手した外部文書

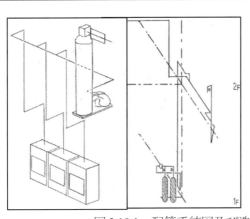
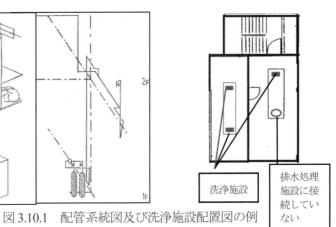

洗浄施設

排水処理施設に接続していない

図 3.10.1　配管系統図及び洗浄施設配置図の例

表 3.10.2　排気ファンの点検方法の例

| 番号 | 形式 | グリース | | 点検 | |
		補給	補給	点検内容	周期
①	RRSE-RK	無給油型 （交換時期又は 異音発生時に軸 受ごと交換）	交換 5 年	・汚損状況 ・ベルト、プーリーの磨耗 ・ベルトの遊び ・プーリーの緩み ・防振ゴムのへたり ・軸受けの振動、発 　熱、異常音	6 月
②	RRSE-RJ
③	MMRR-PK
④	PPDA-PL
⑤	VY-20HRS-A	アルバニア3号 （昭和シェル）	補給 6ヶ月
⑥	VY-30FPG-B

3.11 設備（分析機器）

3.11.1 設備

【情景 3.11.1】：何故、点検が必要なの？

ある測定分析会社の設備機器点検に関する一コマである。

社員A：おい、B君。昨日、この分析装置を使ったのは君だろ。

社員B：はい、そうです。

社員A：ベースライン、安定していたか。

社員B：ベースラインのチェックはしていませんが、装置立上げ時にソフト
上は問題ないと表示されていました。

社員A：メーカーのソフトチェックじゃなく、うちで決めた日常点検の確認
はしたのか。あれ、昨日の日常点検簿に記録がないぞ。

社員B：チェックした記録はソフト上に保存されているでしょ。

社員A：ランプや波長など、会社で決めた点検基準の範囲に入っていたかど
うかを確認したいんだ。そのための点検簿だろ。

　設備機器点検の実施が品質や安全にどう関係するだろうか。機器の調子がい
いか悪いかは機器に聞いてくれと思っていないか。最近の装置は、ブラックボ
ックス化しているので、装置を立ち上げた際「準備完了」と標示されるかどう
かだけを点検としていないか。その準備完了が何を根拠にしているか確認でき
ているか。

　2.1 測定分析と健康の節で、健康診断の話をしたが、我々が使用する計測機器
は健康診断を行う医療用検査機器と同じである。医療用検査機器が異常を示す
まま我々の健康をチェックしていたらとんでもない話になるであろう。それと
同じで我々の計測機器もメンテナンスし、その日の調子を細かく点検しないと、
期待する測定ができないのは当然である。

　調子がいいか悪いかは数値でチェックし、判断できるようにしなければなら
ない。その数値の変動がある許容値を超えれば調子が悪くなる前兆かもしれな
い。ランプやカラムの交換時期を予測し、品質不良という不測の事態が発生
しないよう分析業務を継続させることは、測定分析会社にとって重要である。

　全て「レ点」のチェックで、装置が実際どのような状態にあったのかわから
ない点検簿は、意味をなさない。点検行為は、外部審査のためであってはなら
ない。意味のある点検にしよう。

```
┌─────────────────────────────────────────────────┐
│  ポイント１６：                                    │
│    設備機器点検は、健康のバロメーターチェックと同じである  │
└─────────────────────────────────────────────────┘
```

3.11.2　設備管理の方法

（1）設備管理

　分析機器の管理つまり設備管理は、例えば台帳を作り日常点検や整備つまり校正そして修理などを、計画・予定をたてて行い、記録することをいう。

　日常点検は、設備管理の主体であり、設備つまり分析機器が今日の仕事に使用可能かどうかを判断する。故に日常点検は、設備の必要な機能を確認する。

　一方整備、要するに校正や修理は、使用可能な状態を維持するため行う。精度が結果に影響する場合、校正が要る。測定分析は、多くの場合相対的信号強度を与えるだけか、その都度標準と比較し結果を求める機器を用いる。それらはそのものを校正せず、測定分析の中で標準と比較する等の操作を行い校正する。

（2）機器の知識

　コンピューターが分析機器に導入され、操作開始時の調整や機器の保守などが楽になった。そして測定原理や装置の構造を十分に知らない初心者でもデータが得られてしまう。一方操作者の触れられない部品そして調整作業も増加した。そしてそれまで手作業で調製していた部分そして付属品の交換も、必要があればメーカーの技術サービスに頼るようになった。[94]

　測定の原理や装置の構造、動作機構を知らなければ、データが正常な値なのか異常なのか判断が難しくなる。一方そうした知識を身に付ければ、測定操作だけでなくデータの判断、適切で効率的な維持も可能になる。分析技術者は、そうした知識を備えねばならない。分析機器の担当者とする際に、外部講習などに参加させ、必要な知識を身に付けさせる。その研修を教育訓練の計画に組み入れなければならない。

（3）点検の方法

　設備の取扱いや点検は、専門性を問われる作業である。なおかつ多忙の測定分析業務に、設備管理の時間を多く割り当てられない。

　点検の方法は、文献及び設備の製造者の点検に関する情報等を活用して作成する。例えば愛環協の「機器管理基準表」[95]や分析機器の取扱説明書等から得た

情報を利用する。但し前者の原版は、公害計測機器管理基準研究会編「公害計測機器管理基準」（計量管理協会 1974）にある表が使われている場合が多く、何らかの改良が必要であろう。40 年以上前の点検表がそのまま利用可能と思われず、実際使われていないはずだ。そしてその後担当者が実際に機器を点検し、点検方法を改良しながら、確立していく [96]。管理の記録をとっていき、ある程度のデータ量を得た時点で統計的な考察を行う。

　一度作成した点検方法を改訂することなく使い続ける例をみるが、必ず統計的な考察を行い改良を加えなければならない。機器管理を効率的に行うには、手間と時間が必要である。

　なお使用者ができない調整などは、製造者に依頼し点検を実施する。校正や修理も同様である。そうした外部に点検等を依頼した場合、その校正報告書や検査報告書等を保管する。[97]

（4）日常点検

　設備管理は、日常点検が一番大切である。ところが多くの事業所では、日常点検をただ目視等でやるだけであって、本当に使えるか、何を見て判断するか、割と認識していない [98]。性能を長期間維持させるため日常点検は、機器の動作状態を確認しなければならない。

　前述の確立した点検方法に従い点検を行い、記録する。その記録を利用し機器ごとに予防的保守管理計画を作り、機能の変動や故障の発生を予測した事前の保守点検に結び付ける。故障や異常の出現頻度を見れば、保守点検の周期が予測できる。機器の動作不良による誤差発生そして突然の故障による業務停滞が以外に多い。故障発生後の修理点検等より、事前の保守点検が効率的で無駄がない。

　そして不適合などの追跡を行うため、担当者を決め設備を操作させる。加えて台帳そして貼付したラベルにより機器を識別しておき、測定に用いた機器を記録する。大変重要である。

（5）記録

　機器管理台帳や管理簿と称する記録は、①機器管理の体系化、②異常が発生した場合の追跡、③適合性状況の客観的説明の確保を目的にする。不具合を生じた場合履歴が重要となる。

　更に修理記録の内容と推移から、その機器が稼働時間と故障の発生率の関係を示すバスタブ曲線のどの位置にあるかを推定できる。機器が寿命に近い磨耗

故障期にあると判断されれば、故障を直し使用継続するか、機器を更新するか、使われてなければ廃棄も選択肢として考えなければならない。[96]

　いまどきこのような記録もないと思うが、富川弘明[97]は、図 3.11.1 を例として示し、OK としてあるだけで何を具体的に確認したのか全く不明であり、点検項目を設け、点検結果が数値として得られる場合、その値を記入すべきと述べている。前述の点検方法を確立するには、定量的なデータが要る。

機器名： 形式　：				
点検年月日	H6.4.10	H7.5.1	H8.4.20	
異常の有無	OK	OK	OK	
担当者				

図 3.11.1　定期点検の記録として不十分な台帳 [97]

　前述の「機器管理基準表」は、電子天秤の点検項目として、表 3.11.1（一部を示す）を掲載している。この点検は、例えば表 3.11.2 の記録などにして、判定基準を示すとともに定量的なデータを残せるようにする。同様に分光計は、「機器管理基準表」に表 3.11.3 があるが、同様に定量的データを表 3.11.4 のように残す仕組みとする。

表 3.11.1　電子天秤の点検（一部）[95]

性 能 検 査		器　　差	表す量が秤量の1/4以下のとき、±6d 表す量が秤量の1/4以上のとき、±10d		○		ゼロ点を調整した後、一級基準分銅により、内臓分銅の各ヶ所について検査する。 一級分銅の100g以上の分銅の器差は、0.1g以下の器差が表示されないので、比較検査を受けた分銅を使う。 〔メーカーに依頼も可〕
		四隅誤差	最大変化が±6d以内		○		秤量の約1/4の質量の分銅を皿の中心で測定し、中心の皿の半径の1/8の前後左右の位置に前記の分銅を移し、それぞれの中心の値との差を計算する。 〔メーカーに依頼も可〕
	感度調整	感　　度	差のないこと	○			ゼロ点調整、ゼロの戻りをみる。
	校　　正		校正できること		○		メーカー取扱説明書による。

表 3.11.2　電子天秤の点検記録

項目	判定基準	表示値	合否
器差	10g±0.5mg		
	100g±0.5mg		
四隅誤差	10g±0.5mg		
	10g±0.5mg		
	10g±0.5mg		
	10g±0.5mg		
繰返し性	最大と最小の差 0.5mg		

表 3.11.3　分光計の点検（一部）[95]

性 能	検 査	0%調整		0%が調整できること	○			シャッターOFFにして表示値を0%調整ツマミで合わせる。必要ならば修理
		100%調整		100%が調整できること	○			シャッターONにして表示値を100%調整ツマミで合わせる。必要ならば修理。
		波長再現性					○	取扱説明書などにより、その機種に合った方法で点検する。
		波長精度					○	同上

表 3.11.4　分光計の点検記録

項目	判定基準	表示値	合否
波長正確さ	656.1±0.3nm		
	486.0±0.3nm		
測光正確さ	0.508±0.004Abs		
	0.990±0.004Abs		

　適切に設備管理をするため、設備管理台帳に定期点検と修理の履歴を記載する。ISO の審査用に多くの機器を綴り、一冊のファイルとして作成された台帳を見かける。しかし整理されたきれいな台帳ほど有効な利用がされていると言い難い。設備の側に置き設備の担当者が常に参照し記録を記入できるようにしたい。設備管理台帳が最新版に管理されているかどうかは、精確な分析結果を

得るため担当者が管理を重要と考えているかどうか、そして上長がそれを必須と考えているかどうか次第である。

　繰り返すが、点検の方法は、実際に機器を点検し記録し、統計的に考察を行うなどして、確立していく。点検方法は、不変の方法とせずに、項目の増減や点検周期などを記録をみて常に見直し改良する。点検の目的は、設備が使用可能かどうか、必要な機能が維持されているかを、効率的に確認することにある。担当者にこれらの作業が必要と理解させ実行をさせるのは、管理職の役割である。

3.11.3　設備管理の事例

　この節は、雑誌に掲載された記事等から点検方法の例を主に紹介し、3.11.2 (3) 節に示した日常点検等の手順作成に供したい。

（1）イオンクロマトグラフ

　イオンクロマトグラフは、検出器、カラム、サプレッサ、ポンプなどから構成される。渡辺一夫[99]及び中川孝太郎ら[100]によると、イオンクロマトグラフの点検は、次のように行う。

　　点検項目の例を渡辺の報告から要約して表 3.11.5 に示した。まず構成される各々の機器が性能を十分発揮しているか点検し、装置全体の稼動状態を確認する。但しそれらの機器の点検は、時間を要するため、測定時に毎回行うのが難しい。従って数ヶ月から 1 年に一度程度詳細な点検を行い、通常は測定時に得るクロマトグラムの情報などから総合性能を判断する。総合性能が目的を十分に達成できている場合、測定値の信頼性は高いと判断する。[99]

　　週または月に一回、年に一回または数回など定期的に行う項目、測定時に毎回行うべき項目をそれぞれ設ける。管理表にまとめ、各項目の値を確認して記録する。データがある量得られた後、統計的に考察する。その結果から管理基準の変更などを行う。[99]　不具合等を起こした機器は、使用を止め、必要な対応を行う。その不具合の状況を具体的に記録し、そうした記録を蓄積して、不具合発生の傾向を把握する。それを参考にそれ以後の対応を定める。[100]　精度管理は、データの収集と集計、考察など手間と時間を惜しんでは行えない。[99]

表 3.11.5　装置の点検（イオンクロマトグラフの例）[99]

装置	確認項目	確認内容	例示
ポンプ	流量信頼性	設定した流量が実際に得られているか	10 分間に送液された液量を測る
	流量安定性	送液量のばらつきがあるか	定期的に上記流量試験を行う
バルブ及びチューブ類	溶出	目的成分の吸着による損失がないか、事前に吸着していた成分の溶出による汚染がないか、メモリー汚染がないか	ブランク試料の測定、空導入
カラム	—	測定対象成分のピーク形状や共存成分との分離度などが、目標となる仕様を満足していることを確認	標準溶液や模擬試料を導入し、機器付属のデータ処理システムにより確認する
検出器	信号強度	電気伝導度検出器なら各イオン成分の当量電気伝導度を指標に判断、吸光光度検出器ならモル吸光係数	
	ノイズ	ダミーセルを接続した場合のノイズや純水を送液した場合のノイズを測る	
総合性能		測定条件下での検出器のバックグラウンド出力	
	検出器ノイズ	ノイズの大きさ	
	繰返し信頼性	応答値の変動係数	
	検出応答性	—	

（2）ICP 発光分光分析装置

　久保田正明が報告した性能点検項目を表 3.11.6 [94]に示す。久保田正明[94]によると、少なくとも使用の都度、感度、噴霧器ノズル、トーチ中心管ノズルを点検する。そして定性的な点検は実行だけにとどめ、定量的な記録を残して点検業務の簡素化と数値化を図るようにするとしている。詳細は久保田の報告を参照されたい。

定性的な点検について少し述べる。前述の愛環協の「機器管理基準表」を例にすれば、ガスクロマトグラフの外部及び本体の管理項目 24 項目のうち定量的に管理可能なのはガスボンベ残圧の 1 項目だけであり、他は「きずがないこと」などの定性的確認である。もし品質管理システム審査対応として 24 項目全てについて定められた頻度で点検結果を記録すると大変な作業量となる。管理職がその記録を定期的に確認する縛りを設けたとしても、経験から言って決して長続きしない。おそらく審査前にまとめて記録することになり実際その例が多い。同様に「機器管理基準表」にある乾燥機の点検は 4 項目あるが、定量的な器内温度の精度を 6 カ月おきに確認する 1 項目の記録に留め、ほかは記録無しの点検に留めておくのがよい。

　そのように定量的な設備点検表を作成するのが良い。汚れ、点灯確認、動作など○×式の点検表はその記録作業だけ無駄になる。機器に直接表示するなどして確実にその点検が行える工夫をすればよい。○×式の点検こそ意味のないそして無駄であり、外部審査の対応そのものであろう。○×式の「やった・やらなかった」のチェックでなく [101]、定量化による効果が得られる標準化を進めたい。

表 3.11.6　ICP 発光分光分析装置の性能点検 [94]

① 波長正確さ
② 繰返し測定精度
③ 感度（及びバックグラウンド等価濃度、検出下限）
④ 検量線の直線性
⑤ 安定性（短時間及び長時間）
⑥ ノイズレベル
⑦ 光学系の調整の良否
⑧ 測光部の動作安定性（検出器の性能劣化）
⑨ ガスの流量又は圧力の変動
⑩ 噴霧器ノズルの詰まりによる溶液噴霧量の変化
⑪ トーチ中心管ノズルの汚染又は詰まりによるプラズマの不安定化
⑫ プラズマガス、補助ガス、キャリヤーガスの流量

3.11.4　設備更新の計画

　設備の更新と導入の計画は重要である。機械は購入後老朽化していく。更新又は新設備購入の計画をたてなければならない。設備の導入は計画的に行う。例えば表 3.11.7 のような保有設備の耐用年数早見を準備して管理する。表は、使用可能期間を 10 年として購入年を●印、更新購入計画年を〇印、そして更新検討期間を網掛け、耐用年数の超過を濃色の欄にして示す。簡略化して示したため省略しているが表の掲載項目のほか、それぞれの機器の名称、製造者、取得価格、年毎の維持費用、更新時期とその費用を記載するとよい。それらの項目を併せた表とし、設備投資計画の一資料とする。資材購入部門が作成し、経営層が閲覧できるようにしておく。原価計算に用いる経済耐用年数の参考資料になり、測定分析の項目それぞれのコスト計算にも繋がる。

　購入した機器は、設備管理台帳を発行するとともに、管理部門又は管理職に備品リストを備え組織全体の保有機器を把握する。更に購入時に付属していた取扱説明書のリストを作成しておき管理したい。

　上掲の耐用年数早見表の準備と更新の具申、及び設備管理台帳を始めとする保有機器の管理は、管理職の責任で進める。

表3.11.7 設備維持及び耐用年早見 [10]

状況一覧　●購入年を示す　○更新計画年を示す　更新検討期を示す　耐用年数超過を示す

属性			1997	1998	1999	2000	2001	2002	2003	2004	2005	2006	2007	2008	2009	2010	2011	2012	2013	2014	2015	2016	2017	2018	2019	2020	2021	2022	2023
品番・型式	取得年	償却																											
BCO	1998	償却済		●																									
JMS	2001	償却済					●																○						
LC-10	2001	償却済					●														○								
中和装置	2001	償却済					●																						
NL	2004									●																			
FV	2006	償却済										●																	
LD	2007												●																
VM	2008													●															
PG	2013																		●										
U	1988	償却済																	●										
TN	1991	償却済																											
SV	1992																												
AA	2001	償却済					●																						
MPX	2002	償却済						●																					
AFC	2004	特別償却済								●												○							
HG	2004	特別償却済								●																			
EGG	2004	特別償却済								●											○								
VC	2005	特別償却済									●																		
V	2005										●																		
SPS	2008	特別償却済												●			○												
VCPH	2011															●												
ICPM	2012																●												
3S	2012																●												
分解システム																												
A-510	1995	償却済			●																								
1013	1997	償却済	●																										
ETH	1998	償却済		●													○						●			○			
EL	1998	償却済		●																									
VA	1998			●													○		○										
VA1	1998			●																									
CAO	1998			●																									
RFT	2008													●															
LMe	2012																●												

〈更新しない〉
（代替機購入）

3.12 精度管理

3.12.1 環境分析は真値を求めていない？

【情景 3.12.1】

ある測定分析会社の社員同士の会話の一コマである。

社員Ａ：環境分析って、法規制値への適合を確認するだけだよね。いつも「ND」（定量下限値未満）だから、真剣に分析しなくてもいいじゃないですかね。「ND」なので精度管理も必要ないし、早く安く分析する会社が一番評価が高いってことですよね。

社員Ｂ：そうかな。じゃあ、我々計量証明事業所の使命は何？

「ND」には、「ND」の意味があるのではないですか。

工場排水であるからこそ、適切な工程管理を行う上においては排出水の数値を把握し、その変動を追う中で真値の意味合いはあるのではないですか。

ついこの間も、分析結果はいつも通り「ND」だったけど、排水の濁りや臭いがいつもと違っていたし、妨害物質が含有されていて分析に苦労したよ。その旨お客様に伝えたら、製造工程で使用している薬品の一部を変えたという話を営業（社員Ｃ）から聞いたよ。

社員Ｃ：ああ、その話、俺が担当しているお客様だったから、従来の契約にないけど、その薬品に関係する物質（項目）の分析を提案したら、追加で依頼をいただいたよ。お客様も環境に無関心ではいられないから、製造工程の変化に対し適切なアドバイスをしてくれたといって感謝されたよ。

社員Ａ：「ND」には、「ND」の意味があるということか。

変化を捉えるためには、サンプリング含めて精度管理は重要であるということですね。

お客様がコストを重視するので、我々測定分析会社側も同じようにコストを重視し、どうせ「ND」だから手抜き分析を行ってよいと考えた瞬間に我々の使命が終わり、社会的な信頼を失い、経営は破たんする。そして、この行為は一つの測定分析会社だけの問題に留まらず、我々業界全体の信頼を失うことになる。これではホームドクターとなり得ず、健康診断を委ねていただけるような社会的な立場となり得ない。

我々環境にかかわる測定分析会社にとって、予防の概念は重要な要素である。これは経済活動を行う企業である、我々のお客様にとっても同じである。変化

を的確に捉え、汚染を未然に防ぎ、予防する考えはかつての公害から学んだ我々の貴重な財産である。

　経済原理は重要であろうが、モラルや倫理観まで経済原理に支配されてしまえば、社会が成立しないのではないだろうか。お客様や社会が何を意図しているのか、狙いが何かを掴み、我々は適切な対応を行うべきである。

```
ポイント１７：
　・測定分析会社の使命を見失うな
　・精度管理は命である
　・ＮＤには、ＮＤの意味がある
```

3.12.2　精度と検査

　谷學は、「精度管理は、データの不確かさを併記し信頼性を担保する考え方にある。精度管理を行えば高精度のイメージは、誤解から生じており目的により低精度も有効である」と言っている[102]。顧客が求めるのは、「試料が何か分かればよい」、「正確なバラツキのない数字がでればよい」、「安価で速いことが必要」など多様である。必ずしも高精度が求められているのでなく、目的にあった分析方法を専門家である測定分析の担当者が提案するのがよい。3.5.2 節に述べた通りそれぞれ担当業務の分析精度を知っておくべきであり、そのデータの精度がなければ値も定まらず、顧客の要望にも応えられない。

　品質管理の重要な工程に検査があり、一般的に、受入検査（購入検査）、工程検査、最終検査（製品検査、出荷検査）のステップで行われる。現在の測定分析業の品質管理は、最終検査の段階で処置をとる方式が多いと推定する。製品に該当する有形の対象がないため検査と言わず確認（データの確認の意味か）と言ったりする。この業務は一般的に環境計量士が担当するため「計量士の証査」などとも言う。計量法もこの検査を環境計量士の重要な役割としている。

　そうしたことから「測定分析は、従来から最終検査を重要視し、工程検査を自主管理として放置してきた」と筆者（服部）は思う。製造業と異なり、一般的に多くが大学卒又は修士などの専門課程を経た分析技術者が測定分析作業をするので、中間検査を課すより自主検査がふさわしいとされたためかもしれない。しかし高学歴であっても品質管理の知識が貧弱な場合分析技術者は、この自主検査に何をすべきかを理解していないのではないか。筆者（服部）は業界の研

修会で統計を教えてきたが、多くの受講者が品質管理の基礎となる統計について基本的な知識を持たず、従って自身の業務に品質管理を適用できるかどうか甚だ疑問に思う。つまり、サンプリング、試料の入手から前処理、測定分析、結果の解析、報告書作成までの工程に、どこで、何を、どんな方法で確認しなければならないか真剣に検討されていると思えない。そのため、環境計量士の業務の一つと計量法にも規定された「最終検査」を絶対視し、不適合の発生による是正を利用した工程の改良をしていないように思う。

　視点を検査重視主義から工程管理重点主義に変えれば、品質が上がる。知られていることであるが、検査は完璧でなく [103] 必ず検査ミスが残る。品質保証の責任は測定分析部門にあり、いわゆる検査部門に無い。検査重点主義に無理があり、環境計量士が最終検査を行う仕組みそのままでは、根本的な改善を見込めない。

　加藤元彦は「米国では一つのサンプルにブランク、スパイク等の数倍の QA（Quality Assurance：品質保証）用サンプルが併行投入され、エラーの自動的検出と矯正がされやすい仕組みが採用されている。更に QA 担当者は分析担当者と独立し別途指名されている」としている [104]。しかし独立した QA 担当者は、欧米の仕組みであって日本には馴染まないであろう。一方で前述の環境計量士は日本の仕組みである。専門家である環境計量士が関わるのはよいが、繰り返すようだが組織としての品質管理の仕組みが求められている。

3.12.3　管理の仕組みの必要性

　測定分析業の一形態である環境計量証明事業所は、計量法に基づく。それなのになぜ品質管理の仕組みが必要なのか、その意味がまだ十分理解されていない。「計量法では精度管理の担保がされてなく、運営上まずい。だから分析会社の中身をきちんとする。」[105]の考え方である。

　計量器の検定が年間約 400 万個、計量証明業が約 900 社 1500 事業所 [106]、そして計量士が約 2 万人と、計量法は環境保全行政を支える制度だが、従来から問題を抱えており一部に不具合も発生している。現在は整いつつあるが、環境計量標準の基盤整備が未熟で、国家計量標準とのトレーサビリティに大きな課題を持っていたし、海外に受け入れられない日本だけの登録制度でもある。精度管理の仕組みや立入による登録更新制度もなく、精度保証の裏づけが極めて不備なのだ。[107][108][109]

　ISO/IEC17025 を認定された分析会社は、この規格に従えば品質管理に対応できることを理解している。一方でこの認定審査を受けてみなければ分からない

部分も多い。内部の管理システムでなく、外部のための品質管理であることもやってみないとわからない。また分析会社でマネジメントをやっている人だけが理解できる内容も多い。ISO/IEC17025 による品質管理は、2.3.4 節に述べた外部から確認できる仕組みであること、そして前書きや 2.3 節に述べた通り、測定分析業が営む事業全体の業務管理に言い及んでいないため、自ずから限界があると承知しておくべきであろう。

3.12.4 精度管理の方法

（1）内部精度管理

ISO/IEC17025 は結果の妥当性を監視せよとしている。ISO/IEC17025 の 7.7 節に掲げられた統計的手法を含む 11 の事項（表 3.12.1）を含むのがよいがこれらに限定されない。要するに結果そのものをチェックすることと、チェックから得たデータの分析による対応を求めている。この 11 項目が必要でもなく、1 項目で十分とも言っていない。組合せが必要の意味となる。この管理は信頼性確保の点で極めて重要である。

表 3.12.1　結果の妥当性の監視法及び特徴

手　法	特　徴
a)標準物質又は品質管理物質の使用	定常的な確認試験
b)トレーサブルな結果を得るために校正された代替の計測機器の利用	—
c)測定設備及び試験設備のチェック	校正など
d)適用可能な場合、チェック標準又は実用標準の管理図を伴う使用	コントロール試料を用いた管理
e)測定設備の中間チェック	点検
f)同じ方法又は異なる方法を用いた試験又は校正の反復	複数個の試料が必要：二重測定は良く使われる
g)保留された品目の再試験又は再校正	保管された試料の安定性要
h)一つの品目の異なる特性に関する結果の相関	適用が限られる（例：COD と BOD）
i)報告された結果のレビュー	—
j)試験所内比較	実施可能な試験所は限られるだろう
k)ブラインドサンプルの試験	欧米と異なり日本で適用可能なのか

精度管理の手法は、多くの文献にあるように、内部精度管理と外部精度管理の二つの組み合わせである。外部精度管理は、技能試験や試験所間比較に参加すればよい。ただ少し考えれば分かるが、技能試験に参加していれば、精度管理がされているわけではない。年に1回程度の頻度では話にならない。内部精度管理がきちんとされていて初めて意味を持つ。内部精度管理が確立されていれば、外部精度管理は成績確認に等しくなる。これは事実である。内部精度管理は、分析値の管理とシステム管理による。分析値の管理は、先ほどの11の手法又はその他の方法を用いる。要するに精度管理は、内部精度管理と外部精度管理を組合せて行う。

　内部精度管理として用いる分析値の管理手法として、コントロール試料の測定、繰り返し試験、二重測定、ブランクの測定、回収率等の方法が利用されている。これらはそれぞれの事業所で、またその分析に適した手法を用いて行なわれていると考えられる。要するに測定分析法や事業所に応じた方法で行われればよい。分析機器によってもその方法は異なる。繰り返し測定や二重測定等の方法をいくつか適用してみてその結果を検討し、時間をかけて練り上げていく方法が考えられる。

　日環協水質・土壌技術委員会から報告された「委員会報告　濃度計量証明事業所の内部精度管理のあり方に関する検討報告書」[110]に、具体的な内部精度管理の方法が紹介されている。その報告書の構成を表3.12.2に示す。その報告書は、環境省水・

表3.12.2　日環協の報告書の構成 [110]

1.内部精度管理の在り方の検討	環境省のマニュアル [111] を適用可能な内容に再構成とした方針
2.環境省の求める内部精度管理	環境省のマニュアル [111] の内容をまとめた表
3.内部精度管理手法	
3.1　内部精度管理手法の検討手順	手法検討の基本的な進め方
3.2　内部精度管理の一般的事項	操作ブランクの実施など管理方法の紹介
3.3　内部精度管理例	10事例の紹介
3.4　内部精度管理の実施手順	内部精度管理の実施手順
3.5　参考資料	実施例
4.今後の予定	
5.参考文献	

表 3.12.3　環境省のマニュアルの構成 [111)]

1．はじめに
概要、用語、記号例、環境測定分析の方法例、参考とした資料例
2．環境測定分析を外部委託する場合の外部委託の手順と委託先の精度管理について 　　外部委託の手順等 　　委託候補機関に関する情報収集・絞り込み 　　委託候補機関の事前調査 　　　実施体制についての事前調査、内部精度管理体制についての事前調査、外部精度 　　　管理調査結果についての事前調査 　　業務仕様書等の作成 　　　業務内容、精度管理の観点からの要求事項 　　業務仕様書等に基づく委託機関の選定 　　委託期間中における調査・確認(実施計画書の確認等) 　　　実施計画書等の確認、試料採取への立会、試験室への立入 　　委託期間中における調査・確認(外部精度管理調査) 　　　委託元が実施する外部精度管理調査による確認 　　結果(測定値等)の確認
3．環境測定分析を外部委託する場合の委託元として必要な事項について 　　外部委託する場合の委託元として必要な事項 　　環境測定分析に関する知識・経験を持つ職員の育成・確保等 　　外部精度管理調査の実施 　　記録の保管 　　他の地方自治体との交流 　　その他

大気環境局総務課環境管理技術室から報告された「環境測定分析を外部に委託する場合における精度管理に関するマニュアル」[111)]を基に検討し作成されている。その環境省のマニュアルの内容を表 3.12.3 に示す。

　環境省のマニュアルは、冗長な部分もあり記述通りの適用が難しいと筆者(服部)は感じる。前述の日環協の報告書に「環境省のマニュアルは、分析機関によっては記載のとおりの実施が難しい」とされている通りである。一方日環協の報告書は、分析会社にできることを重視し検討したとしているが、環境省のマニュアルを基に作成されているため基本的に同様に思える。というのは、それらの手法がいずれも測定分析業に委託する側が必要と考えた管理手法を提案するためであろう。

　IUPAC（International Union of Pure and Applied Chemistry：国際純正・応用化学連合）からテクニカルレポートとして「Harmonized guidelines for internal quality

control in analytical chemistry laboratories」[112] が公表されている。内部精度管理と
してコントロール試料の測定、二重測定、ブランクの測定を用いて行う手法を
紹介している。この方法が採用されてよい。利用する事業所の例も報告[113][114][115]
されている。

　その他に、表3.12.4の手法の報告がある。関連の報告は、臨床検査分野でも
多く、表3.12.4の⑦から⑩がその例である。

表3.12.4　内部精度管理の手法

①ブランク、コントロール試料、定量下限、二重試験による方法[116]

②CARB法（検量線の作成と検出限界値、ブランク、校正用標準物質の
　測定、コントロール物質、繰返し再現性の判定）による手法[117]

③目標値の設定、管理試料の添加回収試験、二重試験、評価による手法[115]

④CARB法：ブランク、校正係数用標準物質、コントロール用標準物質の測
　定、分析精度管理図、繰り返し再現性、検量線の直線性、検出下限値[118]

⑤偏りチェック、添加回収試験、標準物質の分析、操作ブランク、校正、
　二重分析、管理図ほか[55]

⑥管理試料の測定（管理図）、空試験、二重測定、機器の点検など[119]

⑦管理試料（管理図を使用）による精確さ、検査データによる検査過誤
　検出による方法[120]

⑧管理試料、患者検体、個別データを利用する方法[121]

⑨管理試料を用いた管理図法、患者試料による手法、個別データ管理法[122]

⑩質保証（検査前管理、検査管理(管理試料と患者試料)、検査後管理）[123]

　2.3.3節に紹介した三宅一徳そして表3.12.4の⑩に桑克彦が精度管理の仕組み
全体を示しているように、臨床検査は1990年代に精度管理の仕組みが完成した
と言ってよい。一方環境などの測定分析の分野は、表3.12.4の記事が示す通り
確立されているように思えない。

　ついでにブラインドテストに触れておく。ISO/IEC17025の7.7節（表3.12.1)
そして上水試験方法などは、精度管理の手法の一つとしてブラインドテストを
記載する。この手法は、品質管理者と分析技術者の職責が明確に分かれていれ
ば、有効であろう。例えば米国などの分析技術者の監査システムは、精度管理
用のサンプルによる品質チェックシステムであり[124] 同類の仕組みと考えられ

る。欧米のように職業による階層の明確でない日本において、ブラインドテストは警察的な方法と捉えられ、社員との信頼関係を損ねる場合があり適用が難しい。ブラインドテストは、日本の企業の内部精度管理として適切と思えない。欧米のようにオペレーターとマネージャー、分析作業者と品質管理者の階層・職責が明確な社会と異なり、日本では不信感に繋がる問題を生じる。米国人であるドラッカーも「秘密警察的な武器として使う」[125] のはもっとも貧弱な手段であると述べている。

（2）外部精度管理

外部精度管理は、同じ試料を複数の分析室（会社）が分析し、その結果を集計評価してそれぞれ参加分析室の精度管理に利用する仕組みである。小規模のクロスチェックから、全国的に行われる技能試験など、いくつかの種類がある。

外部精度管理の目的は、

①現状の自社の分析能力確認

②記録したそれまでの成績から自社の技術水準の推移把握

③分析能力又は精度管理の実施の証明

④参加者の分析方法など動向の把握

と考えられる。前述の通り内部と外部の精度管理をそれぞれ実施しないと、分析品質が保証されず、信頼性を満たせない。内部精度管理により主にばらつき（精度）を確認し、外部精度管理により偏り（真度）を確認する。

多数が参加する外部精度管理、例えば環境省の精度管理調査は、年1回実施される。その他の外部精度管理も同様で、この開催頻度の結果からある分析項目の詳細を評価しようとしても難しい。正確度を評価しようと思うと、少なくとも年3～4回の受験が要るであろう。[51]

最も小規模の外部精度管理は、所属の異なる二つの分析室が同じ試料を分析するクロス・チェックである。クロスチェックは、同じ試料を複数の分析室に配布して、それぞれが測定し、その結果を集計解析し精度管理に利用する。内部精度管理により確認が難しい真度を評価するためクロスチェックに参加し、その結果から偏りの有無を確認する。[51]

外部精度管理の一種に、分析法の妥当性確認などを行う共同実験、標準試料の認証値を確定などを目的にする試験所間試験がある。[126]

第三者機関が均質な試料を、参加者の所属や所在地の異なる分析室に配布し、ある分析項目を任意の方法により分析する。その結果を統計的に解析し、参加

者の成績からその分析能力を調査する試験を技能試験と呼ぶ。技能試験は、ISO/IEC17043（JISQ17043：適合性評価－技能試験に関する一般要求事項）に実施手順が定められている。[126)]

技能試験は、参加者の成績が z スコアにより報告され、それが 2 を超え 3 未満が「疑わしい」、3 を超える場合「不満足」の評価になる。こうした場合是正処置を実施し、原因や対策を検討しなければならない。参加者全体の中央値（平均値）が、配布された試料の真値を必ずしも示さないが、自身の結果の偏りを推測する情報として利用できる。更に分析方法が指定されないため、技能試験の主催者がまとめた報告書から、現在主に利用されている分析方法が把握できる。即ち自身が用いている分析方法が主流なのかどうか、今後どのような分析方法が採用される傾向にあるかも推測できる。

1 回の技能試験の成績は、その時期のその参加者の評価であり、技能を継続して保証しない。とはいうもののその技能試験の結果を、自身の技能を示す資料とするのも可能だ。

（3）適用する精度管理法

志保裕行が「精度管理手法の選択に関しては画一的な基準はないが精密さの低下と正確さの偏りの両側面から誤差を検出できる手法を数種類選択し運用するのが好ましい」[121)] とするとおりである。つまり内部精度管理の方法は、偏りとバラツキをうまく管理できる手法を（1）節で述べた手法を参考にして事業所又は分析項目毎に試行錯誤して探すしかない。試行錯誤してみると何か一つか二つ精度の制御に繋がる特性が得られるので、それを基本項目にして管理する。精度の制御は、データそのものの管理により得られる。その意味からすると、データ以外の管理項目も併用される日環協 [110)] や環境省 [111)] の管理方法は、依頼する側など外部からわかりやすいいわば形式的な手法を含むと言える。一方 IUPAC にあるコントロール試料を中心にする方法は、測定分析を実施する側として形式的でないデータに繋がる実質的な手順である。

そしてデータを日常的に採らなければ適正な項目が選び出せない。管理の実施までの準備が要る。分析の精度を問題にしている場合、3.5.2 節に述べたその分析項目の日常のばらつきが判っていないようでは話にならない。いわゆる「経験と勘と度胸」に頼って仕事をしてはならない。基準値と比較して合否を判断する法的規制の分析は、このばらつきが判らないと実施できないはずである。必要な場合測定値の不確かさを併記しないと信頼性が得られない。統計を学ん

だ従業員が統計的手法の活用を導きたい。石川馨は、QC 七つ道具を使えば身の回りの95％の問題が解決できると述べた [127) とされる。

　関連して述べるが図 3.12.1 は不確かさを、実際の試験に適用した例を示している。横軸は処置後の月を、縦軸が不確かさを示す。最初の立ち上げの時期から安定期を経て、機器の更新後更に安定していった過程を示している。評価し又は推定しなければならない不確かさは、多くの方法から求められる。例えばコントロール試料のデータを使い中間精度などから求めるなどの方法を利用する。わざわざ時間を割いて実験することなく、日常のデータを利用し求めたい。

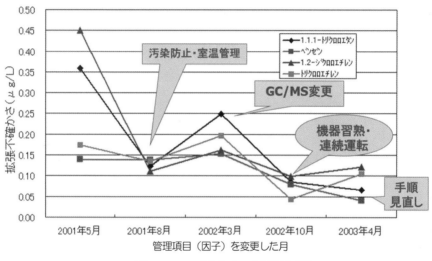

図 3.12.1　不確かさの適用例 [128)

　必ずしも高精度でなければならないことはない。環境分析など n=1 で行われる測定もあるが、前提としてその測定のばらつきなど統計的に精度管理がされていることが前提であろう。それがなければ n=1 の分析で結果を得るのは信頼性に欠けると言わざるを得ない。

　前述のとおり（1）節にある手法などを試行錯誤し取捨選択して得た内部精度管理を実施するとともに技能試験（外部精度管理）と組み合わせて、測定分析業の精度管理の仕組みを組み立てたい。測定分析の先進的企業は、前述のIUPAC のテクニカルレポートにある管理試料による方法を基本にした内部精度管理と技能試験参加を組み合わせた管理方法を進めているとみられる。

3.12.5　精度管理の導入法

（1）工程検査の導入

　3.12.2 節の通り品質保証の責任は、測定分析部門にある。最終検査の結果から処置をとる方法もあるが、検査漏れを無くせないし、担当部署でなければ適切な処置がとれない。測定分析の工程の上流で検査を行いその段階で処置を取れれば的確であり効率的となる。測定分析の工程管理は、次工程に不適切な測定分析の結果を回さないようにする。

　工程管理は、図 2.2.3 の業務工程の工程間又は担当者の業務範囲を検査の対象に、それらの接点で検査を実施して行う。平賀は、この工程管理を「工程内試験」と表現し、図 3.12.2 を用いて「監視基準を設け、残した技術的記録のデータと監視基準の比較を行い発見する。そしてデータが全て基準値内にあれば適正な試験と判断できる。データが管理基準から外れていれば、不適切な試験結果であり、試験結果は不合格となる」[98]と説明している。

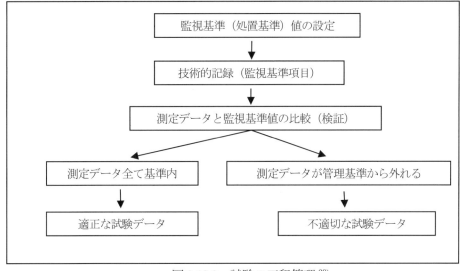

図 3.12.2　試験の工程管理 [98]

　まず工程検査を含む確認方法の設計をすべきであろう。その検討の結果から、どの工程でどの項目を確認すれば品質を保証できるかがわかり、最終検査はその補助手段であることが確認されるのに違いない。環境計量士は最終検査に比

重を置くより、分析手順や操作そして精度の管理に力点を置きたい。自身の業務の効率が上がり負担も減るであろう。

（2）内部精度管理

　これまで述べた内部精度管理の手法を含めて、代表的な手法を表 3.12.5 にまとめた。3.12.4 節にある通り、内部精度管理として工程管理に用いる検査は、この表にある手法から複数を選び、ある期間実施してみて、適切に管理できる手法を取捨選択し、採用する。

　次のような方法が考えられる。まず精度の確認から始める。併行精度だけでなく、中間精度を求める。そして可能なら二重測定により測定全範囲の精度を、RER（response error relationship）を利用して評価する。分析項目毎に不確かさを求めることから始め、その推移を観察、SOP の整備とともに分析工程の管理を実施していき、精度管理の仕組みを充実させるようにする。IUPAC の方法つまり管理試料の利用とブランクの測定による方法、又はその他の方法による管理が可能か試みて、採用する。

　内部精度管理は、正確さと精密さ、いわゆるデータの偏りと誤差を管理する。しかしデータの管理だけでは、測定分析に付随する失敗による不適切な結果の発生を防げない。失敗は、例えば分析操作の誤り、試料の取り違え、伝達の誤り、転記ミスほかにより生じる。そうした誤りは、同じ内容をくりかえせば、明らかに顧客の信頼を失墜する。そして全体に占める割合が最も多く、重大である。検査や確認の体制を強化し発生を防止する方法が一般的に採られる。

　臨床検査は、検査過誤の管理又は個別管理などとして、その失敗の管理を行う。例えば抜き取った試料の二重測定、再検査基準値の設定、関連項目の相関性を利用した確認、正常者の平均値を利用した検査などの手法を利用する[23][129][130]。対象が生体であり、ある幅があるものの正常者から一定の値が得られるため、こうした方法が適用できる。測定分析の分野は、そのまま利用する訳に行かないが、それらを参考に、次の手法が採用されてよい。

　①前回値の確認
　②極端値の確認
　③種々の情報との照合し確認
　④試料採取から分析までの各ステップの記録を確認

（3）外部精度管理

　技能試験は、表 3.12.6 のプログラムのほか、国際的なプログラムもある。実

施項目等の条件を吟味し、受験の計画を予め立てた上で、臨み、得られた結果から現状の業務の見直しを行い、改善活動につなげたい。

表 3.12.5　内部精度管理の手法 [55] [110] [111] [114] [115] [131]　（その1）

手法		備考（考え方、方法の例など）
精度	併行精度	数値の信頼性の把握（「精度」の欄について同じ）。同一の分析室、分析者、測定条件の下、短時間に同一の試料を繰り返し測定し、求めたばらつき。
	中間精度	上欄の条件の一部が異なる場合の、同一分析室の精度（室内中間精度）
	室間再現精度	異なる分析室で求めた精度（最小変動である併行精度に対し、最大の変動を示す）
ブランクの測定	操作ブランク試験	前処理又は機器操作の分析工程の汚染の確認。実試料に混在させて実施。分析毎、分析ロット毎又は10試料に1回程度等
	トラベルブランク試験	試料採取準備から前処理までの汚染の確認。試料採取操作、周辺環境、器具による汚染の把握。分析毎、又は分析ロット毎に実施。大気試料を対象に実施。
	ブランクの分析	測定対象以外から受ける影響の確認、測定値の補正。ブランク値の変動を確認する。例えば1ラン毎、又は分析毎に検出下限以下を確認
標準の利用	標準液又は標準ガスのファクターの確認	真度、偏りの評価　標準液又はガスの表記濃度と実際の濃度の乖離の程度を確認
	標準液又は標準ガスの測定	分析機器の再現性確認　20試料に1回実施など
	校正用標準物質	分析機器の校正　分析毎、又は毎日など

表 3.12.5　内部精度管理の手法（その 2）

手法		備考（考え方、方法の例など）
感度	測定器の感度確認	10 試料に 1 回又は 1 日に 1 回以上、適当な標準を用いて測定器の感度チェック
	検量線の確認	分析毎に検量線を作成又は確認する 直線性及び傾きの確認、年 1 度実施など
繰返し測定	二重測定	精度の維持確認。繰り返し測定を行いばらつきの大きさを確認。分析毎、分析ロット毎又は 10 試料に 1 回程度。例えば平均値に対する誤差率 10%以下又は二つの値の差が 30%以内などの基準を設定。
	重複検査	ばらつきの確認。例えば微生物の検査などに利用。
	繰返し再現性	精度の確認、推定。分析毎又は 1 日 1 回。
回収率	回収率	回収率から精度を確認。測定者変更時の実施など。
	添加回収試験	正常に分析が実施されたか確認。試料に一定量の成分を加え、正確にその量が得られるのを確認。分析操作各ステップの損失の確認。週 1 回など。
下限値の測定	検出限界値	検出限界の得られる状態の維持確認。微量成分分析の影響を避けるため確認。測定範囲、検出限界の確認。ブランク試料により統計的に判断。分析毎に実施又は年一度。
	定量下限値	定量下限の得られる状態の維持確認。定量範囲、定量限界の確認。分析毎に実施。n=5 の繰り返し、変動係数及び誤差率 10%以下（2 ヶ月 1 回等）。
管理試料の利用	濃度既知試料の測定	偏り、ばらつきの確認 濃度の確定された試料を測定、測定者変更時に実施
	管理試料の分析	統計的に偏りとばらつきを確認 標準物質、自家調製した管理試料などを利用し管理図法などにより管理 試料と同時分析し管理範囲内を確認、10 試料毎等

表 3.12.6　利用可能な技能試験等

名　　称	主　催	実施頻度	試験項目
技能試験	日環協	年 6 回位	水質試料の金属、Cl、NO_3、COD ほか
環境測定分析統一精度管理調査	環境省	年 1 回報告 9 月	水質試料の金属、COD、VOC、またダイオキシン類や溶出等
水道水検査精度管理のための統一試料調査	厚生労働省健康局水道課	年 1 回報告 12 月	水道水質検査機関向け水質試料の金属、鉛、マンガンや有機物、農薬等
UILI（独立試験所国際連合）国際技能試験	日環協	不定期	水質試料の金属
食品の技能比較試験	日本食品衛生協会	1~2 回／年	食品中の栄養成分など
ダイオキシン類分析	日本分析化学会	毎年 2 月頃	底質、ばいじん、水質等中のダイオキシン類
その他（参考)	EPTIS（European information system on proficiency testing schemes）技能試験データベース（https://www.eptis.org/)		

3.13　品質問題への対応

3.13.1　苦情や事故対策専門の部署を立上げる手法は有効か

　品質不正が発覚した会社の経営者が会見場に現れ、「今後の対策として取締役を品質管理者とするとともに、現場から独立させた組織として検査室を設置し品質不正に対する取り締まり、検査を強化していきます」と高らかに宣言する。そのようなニュースの場面を見た経験がないだろうか。大手企業の品質不良や不正時に必ず出てくる対策である。それって、小手先対応の典型であろう。

　例えば、品質不良が発生すると検査室を設置するが、現場の製品作り込みがしっかりできれば品質に問題ないはずだ。反対に検査室を設置したため、責任権限があいまいとなり、製造部と検査室がミスの責任をなすりつけあい、根本の課題解決ができず、最終的に大きなミスの発生になる。

　仮に、特別な検査室を立上げたとしても、対応に目途がついた時点で本来の部署にその役割を戻すべきである。そうしないと本来の部署が本来の役割を機能させずに体制を維持してしまい、現場組織が本当の意味で強くならない。本気で検査室を設置するのであれば、権限も合わせて付与するとともに、経営層の全面的なバックアップを実施しないと形式だけの対応となる。そうした形式だけの会社組織は、しばらくするとまた同じようなミスや事故を発生させる。

　何故、不正は発生するのか。　　例えば

- ・過去のデータを流用する
- ・データを書き換える
- ・無資格者が行った作業を有資格者が行ったように偽装する

などの不正が起きる。それは、

- ・経営に対する不信感が不正や事故を生む
- ・現場と経営層の乖離が不正を生む

ためと考える。

　ある製造業界における品質問題の重要な事象としてデータ改ざんや検査不正に対する原因として次の事項が検討されていたが、測定分析業界始めどの業界にも当てはまるのではないかと思われるので紹介する。

　①経営と現場に解離がある：現場からの改善提案に経営側が応じない

　②サプライチェーンの頂点にある会社が納期などで自分のことしか考えず無理強いする

　③過剰なコンプライアンスの要求：時代に合った検査なのか

④売上がすべてに優先するという考え方が浸透：経済優先

⑤外部との接点にある部署、人に大きなプレッシャーがかかる：外圧の排除ができていない

⑥専門性が高まれば高まるほど外からよし悪しの判断ができない：ブラックボックス化する／情報開示されない

⑦権限を委譲しても責任者は上位者に残る：名目上の権限のみでは実質的に機能しない

ポイント18：
　組織改革には、職場環境、企業風土、企業体質の根本的な改善が必要である

3.13.2　品質保証室

　測定分析業の品質保証は製造業の品質保証と同じだろうか。測定分析会社の品質保証（品証）部署は、計量証明書等の発行検査を行う部署か。いや、ISO 等の外部認証の事務手続き・処理を行う部署か。

　いろいろな役割分担があり、各々の会社としての組織構想があると思うが、世間には品証室の権限がやたらと強い会社がある。それって信頼できる会社なのだろうか。原料の調達や製造がしっかりしないとよい品質の製品は製造できない。品質を保証する部署は、品証室でなく製造部署である。とすると、品証室は製造部署などが適正に機能するようにサポートや監視する部署として機能させるべきである。

　これは、測定分析会社でも同じである。現場の部署（分析や調査の部署）が、結果の保証、品質の保証、精度管理を実践する。従って製品を報告書とすれば、報告書の良し悪しは現場部署が機能するかどうかにかかっている。まずは、現場の部署を鍛え上げ、品質保証できる組織、要員に育成するのが重要である。ここが機能すれば品証部署は必ずしも必要でなくなる。現場が適正に機能している会社に、品証部署は必ずしも必要とされないとしたら言い過ぎだろうか。

　なかなかそうはいかないから、現場のサポート・監視機能を品証部署に期待すると思うが、その場合決して外部審査対応だけの部署としてはならない。加えて現場部署が機能しているからと言って、現場任せにしないことも経営上必要となる。こう考えてくると、品証部署が本来の機能を果たしている組織は、

適正に現場部署も機能している強い組織なのであろう。

> ポイント１９：
>   品質保証の部署が本来の機能を果たしている組織
>   は、現場部署も機能している組織である

3.13.3　ヒューマンエラーってミスの原因なの？

【情景 3.13.1】

　ある測定分析会社のミスを連発する社員の会話の一コマである。

社員Ａ：おいＢ君、この計算間違ってないか。

　　　　試料を希釈したのに希釈倍率が計算に正しく反映されているか。

社員Ｂ：指示されたエクセル計算式に数値を挿入しただけですけど。

　　　　あれ、希釈倍率の数値が間違っています。「１０」と入力したつもり

　　　　が「１」と入力されています。

　　　　入力ミスです。

社員Ａ：入力されていますって、君が入力したんだろう。

　　　　入力する時に必ず確認しろと日頃から指導しているだろう。

社員Ｂ：すいません。

　　　　自分では正しく入力しているつもりなんだけどなあ。

　3.6.1 節の報告書の苦情対応の件も同じであるが、日常発生するいろいろなミスに、安易にヒューマンエラーの言葉を使いそして、ヒューマンエラーをミス、事故、不祥事の原因にして納得していないだろうか。

　問題が発生すると、つい「誰がやった」と言い、人為的な要素が絡んでいるとヒューマンエラーを原因としてしまう。こう考えてしまうと原因究明はそこで止まり、再発防止策は「注意する」、「再教育する」のような内容になり、「ミスはお互いさまだから」、「人間、誰でもミスするよね」、「仕方ないね。今後気を付けてね」と済ませてしまう。その結果は、また同じような問題を引き起こすということを皆さんも数多く経験していると思う。

　原因はほとんど、個人でなく、組織にある。故意でなければ、ミスや事故を起こそうと思って行ったわけでなく、その行為の必然があったはずである。確認すると、エラーをした本人は正しいと思い行動していたと回答する場面によく

遭遇する。こうした場合、本人が正しいと思っているので、「何故エラーした」と叱責したり、注意してもなかなか治らない。精神論では限界がある。

そして、ヒューマンエラー発生原因の古典的な対策として、

① 文書配布
② ミーティング
③ ポスター掲示

などを行うが、これまた効果期待薄である。何故、正しいと判断したのかを掴み、その判断にいたる思考、状況、工程、作業を正さないとエラーはなくならない。

人間が自分の経験に基づいて判断し行動し、自分の見たいもの、聞きたいことだけを聞くと認めた上で、人の行動を分析し対策を検討しなければならない。時には気の遠くなるような時間と労力を費やすことになるが、ミス撲滅と人材育成のためにここが踏ん張りどころである。

ヒューマンエラーは、結果であり原因でないので、必ず原因を究明し是正していく必要がある。また、ミスの言い訳に、「時間がない」、「忙しい」、「先輩がよいと言った」ともよく聞く。これまた厄介であるが、この言い訳を突き崩していかないとミスはなくならない。

ポイント20：
　簡単にヒューマンエラーをミス、事故、不祥事の原因とするな

以下は、ある経営者の言葉である。

　①「クレームを起こしても社員は責めない。だが、報告を怠れば厳罰に処す。」
　②「人は失敗して痛い思いをしなければ素直になれない。失敗はするが行動力のある社員の方が会社には必要である」

表3.13.1 に、現場ではいろいろなミスが発生するが、そのミス防止対策の一例を示す。

表 3.13.1　ミス防止対策の事例 [108]

ミス防止対策の事例

①わかりやすくする

　　色を分けて照合

　　　　→容器にカラーラベルを貼付し識別しやすくする

②自分で気付かせる

　　・指差呼称

　　・チェックリストによるチェック

　　チェックリストは、誰が使うのかを考え作成する

　　（使用する側が作成すると効果的）

③検出する

　　・ダブルチェック（別の人間が確認）

④できる能力を持たせる

　　タスクに必要な技能をもたせる

　　　　→試験、資格、スキル、訓練

⑤やめる

　　・ヒューマンエラー発生の可能性のある作業をなくす

　　　　→自動化

　　・適材適所にもとづいた配置替えも効果的

3.13.4　苦情対応

　ある測定分析会社のお客様から寄せられた苦情とその対応の一例を以下に示す。

　　クレーム：分析結果報告書に添付されている写真のタイトルや番号に間違いがあると、お客様から苦情（クレーム）が寄せられた。

　　対　　応：分析結果報告書の発行検査を行った発行責任者が適正な検査を怠ったとして社長から厳しいお咎めがあり、以降気を付けますと社員の前で謝罪・宣言させられた。

　　　　　　　社長は、謝罪・宣言だけでは不十分と考え、発行責任者の検査以外に主管部長が再度検査を行うルールに変えた。

　　疑問点：仮に今回の原因が発行責任者であるなら、検査が適正にできない

ような発行責任者を指名したのは誰かということになり、指名した社長にまで責任が及ぶことにならないか。

これって、本当に発行責任者が原因だったのであろうか。また、この考え方で苦情に対する再発防止になるであろうか。

検査の工程からいろいろ原因となりうる作業工程を確認してみよう。この測定分析会社では、担当者から工程内検査者そして発行検査者の順で検査を行う体制を構築していた。

① 検査体制面
   (ｱ) 発行責任者は、何を検査する役割なのか。
   (ｲ) 発行責任者の前工程の工程内検査は何を検査したのか。
   (ｳ) 検査を行うために必要な資料は提供されていたのか。
② 分析結果報告書は、どの部署の誰が作成したのか。
③ 同報告書作成に必要なお客様の仕様書内容に間違いはなかったか。
④ お客様の仕様書にもとづいて適切に分析指示が出されているか。
⑤ 分析担当者は、分析指示に対応した SOP（標準作業手順書）にもとづいて分析したのか。
⑥ SOP の内容に間違いはなかったか。
⑦ 結果や検査に間違いがなければ、写真の貼り付け方の作業工程はどうであったか。報告書を作成する際に写真をどのような順番で貼り付けるか手順を決めていたか。また、作業者はその手順を理解していたか。

真の原因究明を行おうとするといくつもの要因が考えられる。個人を攻撃し、やり玉に挙げるのでなく、作業工程を一つずつチェックし、どこに問題があるかを突き止めることが重要である。真の原因究明は、時間もかかり犯人捜しをしていると誤解されがちであるが、組織やシステムの問題点（改善点）を探し出そうとしているのだと捉える。それができないと、表面的な原因らしきものややり玉に挙げやすいターゲットを叱り飛ばして終わりにしてしまう。

また、分析結果の間違いと見做されない、写真など添付資料の間違いを安易に考えてはいけない。お客様は、報告書全体で測定分析会社を評価する。前述の例は、検査という出口側の問題ではない。⑦の作業の際に、写真のタイトル・番号の付け方のルールが明確でなく、作業者に的確な作業指示を出していないのが原因である。更に、検査者に検査に必要な資料を提示できていないととも

に、検査者の役割分担も明確でなかったことも判明した。

　対策として、以下のルールに切り替えた。

　　(a)分析担当者が行う写真のタイトル・番号の付け方ルールを明確にする。
　　　　（顧客仕様書を確認して作業する手順の文書化含め）

　　(b)作業手順を分析担当者に理解させる。（教育の徹底）

　　(c)作業をチェックした記録を残す。（作業の妥当性確認）

　　(d)工程内検査者と発行検査者の役割、検査項目を明確にし、作業に用いた
　　　　全ての資料を工程内検査者に提出し、検査を確実にかつ検査作業を実施
　　　　しやすくする。

　発行責任者を叱り飛ばすことや部長検査を追加する検査の強化ではなく、

　　(ア)現場の作業者が作業しやすく

　　(イ)現場作業者が自らチェックしやすいルールを明確にする

　　(ウ)検査者に対しても検査しやすい資料を提示する

　　(エ)各検査者は、自分が何を検査するのか、検査内容を明確化し、必要な検
　　　　査資料の提示を受けることができるようにした

　こうした原因究明の作業と作業工程・ルールの改善が重要である。

ポイント２１：
　結論を急ぐことなかれ
　クレームは、業務改善、組織改革のチャンス、宝だと思え

3.13.5　不適合の処理

（１）目的

　不適合の処理の目的は、品質向上と改善にある。不適合が起きてしまえば仕方がないが、その処置を行い再発を防止しなければならない。

　品質を向上させるため、苦情処理と不適合処理をどう機能させるか、そして後述する納品基準と管理基準をどう設けそして使うかを考えねばならない。

（２）手順の例

　分析会社それぞれにより対応が異なるかも知れないが、図 3.13.1 に従い苦情を含む不適合の処理手順の一例を示す。なお丸囲み数字は図 3.13.1 中のそれと同じ。

①不適合の発生と応急処置

　不適合が発生した場合、先ず当座のいわゆる緊急対応、応急処置を行う。つまり不適合に対応するため、当座のやらねばならない対応を行う。例えば自動車事故なら、警察への連絡、相手方への対応、会社への連絡などの処置を行う。それらの処置は、原因除去に繋がらない対応も多い。例えば事故車の修理や相手方への謝罪、分析なら報告書の再発行、再分析など、これらを行ったところで原因を取り除けない。

②不適合業務の特定、不適合の内容確認、責任者の決定

　不適合業務の特定（どの手順に生じたか）、不適合の内容確認（どんな状況なのか）、責任者（処理の管理は誰が行うか）を決める。

③不適合の処置─重大さの評価

　「分析結果に影響するか」、そして「再発可能性」又は「手順に疑問」の有無を判断して、重大さの評価を行う。

④不適合の処置─非該当

　「分析結果に影響」、そして「再発可能性」と「手順に疑問」がいずれもないと判断されれば非該当となり、以降の処置が不要となる。必要な報告をして処置を終える。

⑤不適合の処置─修正

　非該当でなければ、「修正」つまり「不適合を除き正常に戻す」作業を行う。手順を知らずに操作を間違えた例の場合、なぜ知らなかったか原因を確認し、手順を理解させ確認したうえで今後も間違いを起こさないと判断できれば、原因が除去されたと判断すればよい。つまり修正を行って原因が除去できれば「業務を再開」する。

⑥是正処置

　分析結果に影響し、再発可能性又は手順に疑問があるとした場合、(ｱ)原因分析、(ｲ)是正処置選定、(ｳ)是正処置実行からなる是正処置を行う。

　分析結果に影響するが、再発可能性及び手順に疑問がいずれもなく、修正により原因が除去できない場合も、是正処置を行う。

　是正処置は何らかの再発の歯止めをかけることである。その方法として、(a)施設や設備の改良、(b)手順の変更が考えられる。例えば「注意」だけで原因が除去できないと判断した場合、設備の改良及び手順の変更などを考える。この場合設備の改良に費用が生じ、手順の追加に余計な手間が加わる。是正処置に

「(イ)処置選定」としたのは、不適合の処置に有効かどうか、そして予算や人員等の事業上可能かどうかの判断が必要なためである。担当者レベルでこの判断ができるはずもなく、管理職又はそれ以上の職制の承認が必要なはずで、その意味も含む「選定」である。有効な処置が何であるか担当者に判断できない場合があるし、予算がないのに設備など購入できない。

責任者は、判断を行える能力を持つレベルの者である。是正処置選定の判断は、不適合の再発可能性、再発時の影響と損失、再発防止処置に必要な費用と手間、結果として生じるコスト増、ほかの事項への影響など、不適合と是正処置の釣り合いを考えて判断する。そして是正処置選定だけでなく、不適合の処置それぞれのステップに適宜管理職の判断と承認を出していかないとうまく運用されない。管理職の役割が重要であり、品質に対する姿勢が重要な鍵となる。管理職が一連の処置にうまく関わるようにすれば、運用が円滑になる。

修正により処理した不適合でも、管理職の指示により是正を行わせてよい。品質向上を図るためにも是正を取り入れるのがよい。

⑦業務再開

是正処置又は修正を行って原因が除去できれば「業務を再開」する。例えば、修正で終える場合修正の操作をした時点、是正処置の場合装置を設置した時点又は手順を関係者に周知した時点で、業務再開を判断する。再開するかどうかは、原因が除去できたこのステップでしか判断できない。原因が取り除かれていないのに、業務を再開できるはずもない。

⑧是正処置の監視（有効性確認）

是正処置の最後の手順が是正処置の監視（有効性確認）である。要は是正処置が実施されているか監視することであり、是正処置が有効であったか結果を確認することである。装置や手順が運用され不適合が生じていない、つまり是正処置が有効であったと運用の結果から確認することになる。

その監視の期間はケースバイケースで違う。装置であれば運用により1回の確認で十分と判断される場合がある。一方手順は、実際に身に付いているかどうかを確認できるまで、数か月必要な場合もあろう。

（3）修正について

修正と緊急対応や応急処置は別の手順としているが、正確に言えば修正は緊急対応を含む。修正は、(ア)いわゆる緊急対応、及び(イ)原因除去に繋がる対応の二つから構成される。いわゆる「手直し」、「修理」、「特採」、「スクラップ」など

として、これら二つを含む。

　不適合の処置は、管理基準を作り、その管理基準を超えた場合に行う。適切な例でないかもしれないが、例えば自動車の安全運転の場合「急ブレーキをかけたがもう少しのところでぶつかるところだった」、「ぼんやりしていて赤信号に突っ込んだが幸い事故にならなかった」などのヒヤリハットが1月当り5件を超えたら不適合の処理をすると定めておく。この管理基準「5件」を超えたら不適合と判断し、修正又は是正処置を行い改善する。すなわち異常を社外に出さないための処置となる。こうした方法であれば、修正と是正処置を使い分けられる。予め設けた管理基準（処置基準）を超えた場合に不適合として対応する。

　社外に出してしまえば、それは管理基準でなく、顧客と取り決めた、または「誤植のないこと」などの成文化されず暗黙裡に取り決められた、いわゆる納品基準を外れたことを意味する。納品基準を外した場合、時には叱責され、クレームに発展するなど、対応が容易でなく、修正だけで済まない。

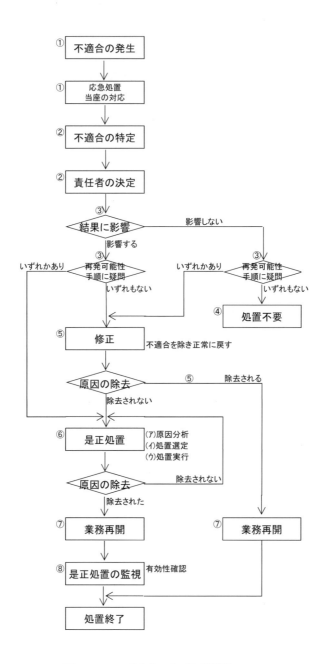

図 3.13.1　不適合の処理手順 [10]

3.14　購買

　2.1 測定分析と健康の節で健康診断の話をしたが、我々測定分析会社の計測機器は健康診断を行う医療用検査機器と同じである。高額な精密分析機器を購入する際、設置場所をどこにするかは重要な検討課題である。この時勢から購入の際、省エネ性能のチェックは当然である。作業性や安全性への配慮はもとより、適切な設置場所の選択（騒音・振動、粉じんなど）、3.9.4 法規制への対応の節に記した法令にもとづく設置届・変更届の提出など、事前にチェックすべき事項は多い。

　購入後の装置を据え付ける際に重要なのは、購入前に要求した能力（品質）を評価する受入検査である。その性能確認は、メーカーに任せるのでなく自前の試料を用意し精度等の必要な能力を確認しなければならない。

　こうした購買前後のチェックを疎かにすると、問題発覚時には既に手遅れとなり大きな経営損失を招くこともある。

　正に、購買は計画性と監視チェックが重要な業務工程の一つである。

3.14.1　購買管理

（1）目的

　購買管理の目的は、円滑な測定分析業務の実施とコスト削減にある。必要な資機材を決め、購入先を選定し、必要な数量の注文を行い、納品時の検査と検収を行う。

（2）購入先の選定と評価

　日常から情報を集め、新たな購入先を調査しておき、必要な場合に対応できるようにしておく。飛び込みのセールス、ダイレクトメール、そのほかの情報から購入先候補を記録しリストにする。

　継続して行っている仕入れ及び一時的な仕入れそして上述の得られた情報から、定期的に購入先の評価を行っておく。

　選定する取引先は、安定した仕入れが可能でなければならない。「安定した」とは、注文した商品とその数量が間違いなく納期通りに届けられることをいう。例えば1年間の実績があれば、信用できる安定した取引先と評価する。その他経営が健全であること、購入品を他の店に求められないなどから判断する。

（3）見積り照会

　分析担当部署から購買部署に、必要な資機材の仕様が伝えられると、先ず該

当品を購入できる取引先を選定する。商品の仕様は、分析担当部署の指定する
条件を満たさねばならない。

　必要な場合見積りを照会する。その際支払条件例えば「20 日締め翌月 25 日
現金払い」などを伝える。分析部署の計画に支障のない納期と費用が求められ
る。合見積もりを入手するなどして、仕様と納期を満たす中の最も安価品を選
定する。

（4）注文

　注文書を作成し発注する。一般的に行われていることと思うが、継続する取
引先のリスト、そして日常継続して購入する資機材のリストを準備し、注文書、
検収伝票などの発行にコンピューターを用いるなど、発注の誤りを無くし作業
の効率化を図る仕組みとする。発注後、納期内に納品がされるよう対応する。

（5）検収

　納品時の検査と検収を行う。継続購入品は購買部署が仕様書と照合し検査を
行い、検収する。装置・設備・機器、例えば分析機器などその都度仕様の異な
る購入品などは、指定された条件に従い検収するか、据付後試用に供しその結
果を待って、検収する。

3.14.2　購買の実務

（1）素案作成

　購買部門は、購入の意図と仕様を確認し大まかな仕様を作る。大まかな仕様
を、連絡可能な複数のメーカー（代理店）に示しカタログを入手する。この場
合見積を入手してもかまわない。購買部門より先に購入申請部門が、予め上掲
作業の一部を済ませてしまう場合がある。

（2）購入仕様案の作成

　機器の購入仕様案を作成し、購入申請部門に確認する。その際必要なユーテ
ィリティズ（電源、水、排水、高圧ガスほか）を確認し仕様に加える。購入予
定機器の設置場所を購入申請部門に確認する。(1)から得たカタログを用いて、
仕様の比較表を作成する。

（3）購入仕様の作成

　確認された案の必要な修正を行い、再確認を依頼する。購入申請部門の意図
が反映されるまで、作業を繰り返し、見積の依頼先に示せる仕様を書類として
完成する。

（４）見積書の入手と確認

（３）の仕様をメーカー（代理店）に示して、見積を入手する。メーカーの他、電気工事店、水道工事業者からも、必要な場合ユーティリティズの見積を入手する。

提示した仕様と見積の相違点、及び仕様と見積もりの不明点や改良点を確認する。

（５）仕様の修正

（３）の仕様に必要な修正をする。修正した仕様をメーカー（代理店）に示し確認を依頼する。必要な場合、再見積を要求する。相違点、不明点や改良点がなくなるまで、作業を繰り返す。図や表を用いて、具体的に示すのがよく、全ての部品及び消耗品、ユーティリティズを記載する。

仕様の要否、無駄の有無など確認し、必要な場合環境に配慮されているかも確認する。工事及び法的な手続きの要否も確認する。

（６）値交渉

必要な場合、値交渉を行い最終見積書を得る。

（７）申請

購入申請書及び必要な場合稟議書を作成する。申請書は、①購入理由、②必要な機器と仕様及び部品、消耗品、ユーティリティズ、③入手検討した複数の機器の仕様と性能の比較表、④費用、⑤選定結果、⑥必要な場合法手続き、⑦添付した資料を含む。

（８）注文

許可が得られたら、注文する。注文書は、①機器の名称、②機器と仕様及び部品、消耗品、ユーティリティズ（購入先により異なる）、③費用と引用見積書の記番号、④据付（工事）場所、⑤納期、⑥予め準備する事柄、⑦当社の担当者氏名を含む。

詳細な図表のある場合、注文書は郵送、メールなどが望ましい。

（９）納期の決定

納期（工期）をメーカー（代理店）の担当者と詰め、かつ社内で調整し決める。納期を、購入申請部門の担当者に示し、必要な準備を依頼する。

（１０）納品立会い

納品の当日立ち会う。予め立ち入る部屋の制限事項を連絡しておく。納品完了時検品を行う。仕様書通りであるか、施工の状況を確認する。

（１１）検収

　仕様通りであれば、納品（工事）完了の連絡を、購入申請部門に行う。但し実際に稼働させないと判断できない場合、購入申請部門が実際に試験運転を行い確認する。

　納品日時、施工状況、購入試験部門が確認した試運転結果を含む検収報告書を作成し、検収する。

3.14.3　高額分析機器の購入と採算計算

　測定分析業務は、機器分析が主流となった。一昔前までガラス器具を用いた「手分析」であったが、この30年ぐらいの間に機器分析が次々と適用され機種も増え、大型化も進み購入費用も高額となった。増加した分析項目に対応するため多くの機器を備えなければならず、一方ですべての機器を稼働する受注ができるのでもないため、図3.1.5のようにそれぞれの設備の稼働率は比較的低い。

　高額機器は、検討後に購入される。検討は、①目的、②その目的を達成するために必要な仕様（要求仕様）、③仕様に適合する機器と製造者、④費用、⑤得られる効果と採算性について行う。特定の機器だけが要求仕様を満たす場合を除き、複数の製造者と機器を比較する。初心者が忘れやすいが、仕様の検討は、ユーティリティズ（電気、水道、ガス）そして付属品及び消耗品、維持点検とその費用も含め行う。

　採算性つまり費用の比較は採算計算により実施する。採算計算の方法は、正味現在価値法、正味終値法、正味年価法、回収期間法などがある[132]。回収期間法がわかりやすいためよく知られているが、宮俊一郎は正味現在価値法が最も無難な判定方法と述べている[132]。

　回収期間法は計算が簡単であるが、初期投資額を回収した後の現金収支を無視しそして貨幣の時間価値を考慮しない点に欠点がある。直観的に理解しやすいが、回収期間の長短だけから判断し初期投資の回収後の収支を無視するため、収益の大きさの評価にならない。収益というより安全な投資案を決める方法である。

　正味現在価値法は独立案の評価に向かないが目的適合性などから無難な方法とされる[132]。そして小林健吾も評価の原則として①全命数期間の評価、②実質的利益による評価、③タイミングの原則（期間による価値の差の発生を考慮）、④不確実性の考慮の四つを挙げ、この原則を適用する利益割引率法又は現在価値法（正味現在価値法）が優れるとしている[133]。

正味現在価値法は、実際使ってみると金額を比較できるため判定しやすいが、計算の際設定する利益率に戸惑うであろう。その利益率は、資本のコストとされているが、売上高純利益率を用いるか会社として設定する利益率を使うとよい。

正味現在価値法と回収期間法の計算式を次に示す。詳細は文献[134] [135]を参考にされたい。採算計算を高額設備投資の判断材料として、評価方法の長短を知って用いたい。

（1）正味現在価値法

正味現在価値（正味現価）法は、初期投資及び収益と費用を現時点の価値の金額に換算して比較し、投資の是非を判断する方法である。装置の運用終了年まで年毎の、(ｱ)装置の維持費用他の費用、及び(ｲ)その装置による収益の金額を、減価償却費など架空の費用でなく正味の現金収支の金額としてまず推定する。それを、次に示す式①又は②により正味現在価値（正味現価）に換算し合計する。そしてその合計金額と初年度の装置購入に必要な費用（初期投資）を比較して、その金額の多少により投資の可否を判断する。①及び②の式にある X 又は R が(ｱ)と(ｲ)を、②の式の C_0 が初期投資を示す。

図3.14.1のように、初期投資及び維持費用等（負表示）そして収益（正表示）が考えられる場合、①及び②は、それらを現在（初年度）の価値に換算（割引計算）つまり異なる年の費用と収益を同じ初年度の時点の価値（正味現在価値、正味現価）に換算して、投資（初期投資）と比較する。①及び②の方法は、勿論同等である。

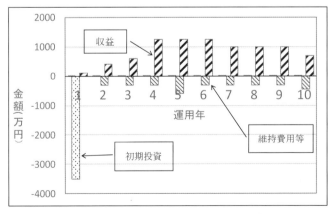

図3.14.1　運用期間の現金収支

①宮俊一郎による [136]

$$\text{正味現在価値} = \sum_{t=0}^{T} \frac{X_t}{(1+d)^t}$$

$$= X_0 + X_1 \times \text{原価係数} (d, 1年) + X_2 \times \text{原価係数} (d, 2年) \cdots$$

X_t　　t年のキャッシュフロー（損益差異、いわゆる正味現金収支）

d　　要求利回り　　　　　　　（資金運用の際に最低限必要な利回り）

T　　投資プロジェクトの終了年（設備の経済耐用年数など）

②千住鎮雄らによる [137]

$$P = \frac{R_1}{1+i} + \frac{R_2}{(1+i)^2} + \frac{R_3}{(1+i)^3} + \cdots + \frac{R_n}{(1+i)^n} - C_0$$

$$= R_1 \times \text{原価係数}_1 + R_2 \times \text{原価係数}_2 + \cdots + R_n \times \text{原価係数}_n - C_0$$

P　　正味現価　　　　R　　収益

i　　資本の利益　　　C_0　　初期投資

n　　運用年数

(注) 原価係数は、期間 (年) 及び利益率毎に早見表 (数表) として用意されている。
　　数表はそれぞれの文献を参照されたい。

（2）回収期間法

　回収期間法は、初年度の初期投資額を運用期間の収益により補填すると考え、それに要する期間を計算する方法である。回収に必要な期間は、収益の合計が初期投資額を超えた年として求める。

①宮俊一郎による [138]

$$\text{回収期間：} \sum_{t=1}^{T-1} X_t < X_0 < \sum_{t=1}^{T} X_t \qquad \text{を満たす T}$$

X_t　　t年のキャッシュフロー（損益差異、いわゆる正味現金収支）

X_0　　初期投資額　　　　　　（例えば設備購入の初期費用）

T　　回収期間　　　　　　　（設備の経済耐用年数など）

②収益が毎年一定の場合

このようなことはまずないと思うが、仮に収益が毎年一定であれば次の式となる。

　回収期間＝初期投資額 ÷ 収益

3.15 安全と環境

3.15.1 安全の管理

　どこの業界でも同様に、事業経営は安全を前提とし、事業計画を策定し、実施していると思う。安全は、自然に、無償で得られると思いがちであるが、安全ほどコストがかかるものはないのかもしれない。

　分析業界では、酸、アルカリ、有機溶剤など各種薬品、毒物、劇物、危険物や高圧ガスなどを日常的に取扱い、分析操作に伴い発生する廃液処理、排水処理や排ガス処理が必要な場合もある。その意味から、分析業界は他の業界より安全に関してより注意と対応が必要であり、危険回避や安全確保にコストがかかるのを十分に理解していると言えるかもしれない。

　また、昨今、毎年のように発生し甚大な被害を出す台風や集中豪雨だけでなく、地震、火災、あおり運転・高齢者による車両事故、インフルエンザの流行など、心配しだしたら切りがないほど、事業を脅かすリスクが私たちの周りの至る所に潜んでいると思う。

　こうしたリスクへの対応は、予防含め、経営層だけでなく、管理職を含む全社挙げての対応が必要と思う。先ず機会のあるごとにその話題及び会社の考え方又は指針を、経営層や管理職から繰返し伝え、経営層の安全に対する姿勢を示す。それにより社内に安全に対する基本的な考え方を浸透させねばならない。3.1.3（3）節の顧客情報の機密そして3.8.2節の倫理と同じである。

　そしてリスクや安全に対して、次節以降の体制そして必要な設備を設け、備える。安全衛生を業務の中に取り込み、就業時間中の安全巡視・点検、安全衛生会議などの経営層及び管理職を含む全社対象の啓発行事を定期的に少なくとも年一度必ず行う。同じように職場毎の自主的な活動を促し、危険予知活動及び災害事例研究、不安全作業の改善を推進し、安全に対する意識付けと習慣化を行う。それらにより、仕組みが実効的に運用されるようにする。分析会社の安全管理の実務を、以降の節に示す。

3.15.2 試薬管理

（1）毒物及び劇物取締法の適用

　化学分析は、毒物又は劇物を含む多くの試薬を用いる。測定分析業として毒物及び劇物を取り扱う場合、毒物及び劇物取締法（毒劇法）の業務上取扱者に該当し、表3.15.1の毒劇法に定められた規定が適用される。毒劇物の取扱い、

表示、事故時の措置、立入検査、廃棄などは、その規定に従い行う。法に定められた全ての毒劇物が対象となる。なお毒劇法に定められた特定毒物である農薬などを取り扱う場合、特定毒物研究者（（5）節）の規定が適用される。

表3.15.1　業務上の取扱いに適用される毒劇法の規定

規定の内容		条番号
取扱い	盗難紛失防止、飛散浸出流出等の防止、飲食容器使用不可	第11条
	「毒物又は劇物、医薬用外」を容器及び被包に表示	第12条第1項
	「毒物又は劇物、医薬用外」を貯蔵及び陳列場所に表示	第12条第3項
	事故の際保健所警察署消防機関に届出し応急措置を実施	第16条の2
	法に定めた技術上の基準に従い廃棄	第15条の2
	危害防止の為法の技術上の基準に従い運搬等を実施	第16条
立入と検査	法に定めた知事が行う報告徴収及び立入り検査等を受検	第17条第2項
	第17条第2項（上欄）を行う毒物劇物監視員の規定を適用	第17条第3項
	請求した場合毒物劇物監視員の証票が提示される	第17条第4項
	立入等は犯罪捜査を目的としない	第17条第5項

（2）毒物劇物の管理

　購入した毒物劇物は、施錠した専用の保管庫に保管する。必要以上の量を購入または保管しないように注意する。毒物劇物の購入量及び使用量を管理簿に記載し、毎月在庫量を点検する。使用量は分析に使用するため秤り取った重量などを、購入時及び使用開始後の在庫量は瓶など風袋込みで秤量した重量を利用する。パソコンにより管理するシステムも市販されている。業務上取扱者は毒物劇物取扱責任者を配置しなくてもよいが、鍵の管理及び購入使用量の確認などを担当する責任者を置き管理する。責任のとれる体制を準備しておかないと、紛失や記録の不備などを必ず生じる。

　受け皿や試薬瓶ホルダーなどを利用し、保管庫から毒物劇物が飛散、漏えいしないようにする。加えて転倒、転落、衝撃を与えないように取扱う。

　毒劇物以外の試薬も同様に管理するとよい。

（3）使用する試薬の保存と使用

　分析方法に規定された等級（純度）の試薬を、適切に調製し、製造者の指示に従い保存する。有効期限を過ぎた試薬は廃棄し、使用してならない。水（蒸留水等）も試薬の一部と考えるべきで、分析の目的に見合う水を用いなければならない。[51]

　測定分析によく使われる毒物及び劇物を表 3.15.2 に示す。

表 3.15.2　測定分析に使用する主な毒物及び劇物

分類	試薬名	備考	分類	試薬名	備考
特定毒物	パラチオン	農薬分析用別表第三の3、6、4	劇物	硝酸	令二の63 10%超
	メチルパラチオン			ギ酸	令二の22の2、90%超
	メチルジメトン			硫酸	令二の104 10%超
毒物	シアン化カリウム	令一の8		塩化ヒドロキシルアンモニウム	令二の81
	硝酸水銀（Ⅱ）	令一の17		硝酸銀	令二の24
	硫酸水銀（Ⅱ）	令一の17		アンモニア水	令二の8 5%超
	水銀標準液	標準液令一の17、23、18		水酸化カリウム	令二の68 5%超
	砒素標準液			水酸化ナトリウム	令二の68 5%超
	セレン標準液			クロロホルム	別表第二の20
	弗化水素酸	令一の24		四塩化炭素	別表第二の26
劇物	塩酸	令二の16 10%超		トルエン	令二の76の2
	過酸化水素水	令二の19 6%超			

（備考）別表：毒物及び劇物取締法別表、令一、令二：毒物及び劇物指定令第一条、第二条。算用数字はそれぞれの号番号を示す。「超」は該当する濃度を示す。例えば10%超は10%を超える場合劇物に該当することを示す。

（4）事故と廃棄

　盗難や飛散などの事故等が発生した場合、次のとおり直ちに連絡する。

①盗難、紛失事件発生時　　　　警察署

②漏れ、飛散等の事故発生時　　警察署、消防機関又は保健所その他関係機関

毒物劇物を廃棄するときは、次による。

①廃棄は、あらかじめ計画し責任者を定めて行う。

②廃棄は、水質汚濁防止法、大気汚染防止法等の関係諸法令に抵触しないよう注意して行う。

③酸、アルカリは、中和して pH を確認後、希釈して処理する。その他の毒物劇物は、専門の産業廃棄物業者に処理を委託する。

④廃棄した場合、その内容を記録する。

（5）特定毒物研究者

　法に定義された毒劇物のうち、ジエチルパラニトロフエニルチオホスフエイト（パラチオン）など法別表第三に示された特定毒物及び毒物及び劇物指定令にある特定毒物の、製造、輸入、使用、譲渡・譲受、所持をしようとする場合、特定毒物研究者の許可を得なければならない。測定分析では、農薬の定量分析をする際に、例えばパラチオン等の標準試薬を取り扱うため、許可が要る。

　特定毒物研究者の許可は、研究所（事業所）の所在地の都道府県知事に申請する。資格は薬学、医学、化学を大学等で履修したことなどであり、申請書とともに履歴書等の書類を提出する。なお特定毒物の施錠保管や使用量の記録など取扱いや管理は、ほかの毒劇物と同様である。

3.15.3　危険物管理と消防用設備

（1）危険物

　危険物は、消防法別表第一の品名欄に掲げた、同表に定める区分に応じ同表の性質欄の性状を示す物品をいう。それを表 3.15.3 に示す。危険物施設でなければ、指定数量以上の危険物の貯蔵及び取扱いをしてならない（法 10 条 1 項）。

　危険物施設は、市町村長又は都道府県知事（消防本部所在有無等の区分による）に設置の許可を申請する。危険物施設は、危険物取扱者を配置し、危険物取扱者（危険物取扱者免状交付者：甲種、乙種）が、自身か、立ち会いをして危険物を取り扱う（法 13 条 3 項）。

表 3.15.3　危険物（その1）

類別	性質	品名	区分 及び 指定数量	
第一類	酸化性固体	自身は燃焼せずに他の物質を強く酸化する物質。可燃物と混合したとき、熱・衝撃・摩擦により分解し激しい燃焼を引き起こす。	一　塩素酸塩類 二　過塩素酸塩類 三　無機過酸化物	第一種酸化性固体	50 kg
			四　亜塩素酸塩類 五　臭素酸塩類 六　硝酸塩類 七　よう素酸塩類	第二種酸化性固体	300 kg
			八　過マンガン酸塩類 九　重クロム酸塩類	第三種酸化性固体	1,000 kg
			十　その他のもので政令で定める次のもの 　一　過よう素酸塩類 　二　過よう素酸 　三　クロム、鉛又はよう素の酸化物 　四　亜硝酸塩類 　五　次亜塩素酸塩類 　六　塩素化イソシアヌル酸 　七　ペルオキソ二硫酸塩類 　八　ペルオキソほう酸塩類 　九　炭酸ナトリウム過酸化水素付加物 十一　前各号に掲げるもののいずれかを 　　含有するもの		
第二類	可燃性固体	火炎により着火しやすい固体又は比較的低温で引火しやすい固体。燃焼が速いため消火は困難。	一　硫化りん 二　赤りん 三　硫黄		100 kg
			四　鉄粉（目開き53μm網ふるいを50％以上通過）		500 kg
			五　金属粉（アルカリ金属、アルカリ土類金属、鉄及びマグネシウム、銅、ニッケル以外の、目開き150μmの網ふるいを50％以上通過する金属の粉）	第一種可燃性固体	100 kg
			六　マグネシウム（目開き2mmの網ふるいを通過しない塊状及び直径2mm以上の棒状を除く） 七　その他のもので政令で定めるもの（未規定） 八　前各号に掲げるもののいずれかを含有するもの	第二種可燃性固体（第一種以外）	500 kg
			九　引火性固体（固形アルコールその他一気圧において引火点が40℃未満）		1,000 kg
第三類	自然発火性物質及び禁水性物質	空気に触れると自然発火し又は水と接触して発火するか可燃性ガスを発生する物質。	一　カリウム 二　ナトリウム 三　アルキルアルミニウム 四　アルキルリチウム		10 kg
			五　黄りん		20 kg
			六　アルカリ金属（カリウム及びナトリウムを除く。）及びアルカリ土類金属 七　有機金属化合物（アルキルアルミニウム及びアルキルリチウムを除く。）	第一種自然発火性物質及び禁水性物質	10 kg
			八　金属の水素化物 九　金属のりん化物 十　カルシウム又はアルミニウムの炭化物	第二種自然発火性物質及び禁水性物質	50 kg
			十一　その他のもので政令で定める次のもの 　　塩素化けい素化合物 十二　前各号に掲げるもののいずれかを含有するもの	第三種自然発火性物質及び禁水性物質	300 kg

145

3.15　安全と環境

表 3.15.3　危険物（その 2）

類別	性質	品名	区分 及び 指定数量	
第四類	引火性液体	特殊引火物	ジエチルエーテル、二硫化炭素その他1気圧において、発火点が100℃以下又は引火点が-20℃以下で沸点が40℃以下		50 L
		第一石油類	アセトン、ガソリンその他1気圧において引火点が21℃未満	非水溶性液体	200 L
				水溶性液体	400 L
		アルコール類	1分子を構成する炭素の原子の数が1個から3個までの飽和一価アルコール（変性アルコールを含む。）		400 L
		第二石油類	灯油、軽油その他1気圧において引火点が21℃以上70℃未満、但し塗料類その他の、可燃性液体量が40％以下で、引火点が40℃以上のもの（燃焼点が60℃未満のものを除く。）を除く。	非水溶性液体	1,000 L
				水溶性液体	2,000 L
		第三石油類	重油、クレオソート油その他1気圧において引火点が70℃以上200℃未満のものをいい、塗料類その他の可燃性液体量が40％以下を除く	非水溶性液体	2,000 L
				水溶性液体	4,000 L
		第四石油類	ギヤー油、シリンダー油その他1気圧において引火点が200℃以上250℃未満をいい、塗料類その他の物品で、可燃性液体量が40％以下を除く		6,000 L
		動植物油類	動物の脂肉等又は植物の種子若しくは果肉から抽出したものであつて、1気圧において引火点が250℃未満のものをいい、総務省令で定めるタンクや容器に貯蔵保管されているものを除く。		10,000 L
第五類	自己反応性物質	加熱分解などにより比較的低温で熱を多量発生するか又は爆発的に反応する固体又は液体。	一　有機過酸化物 二　硝酸エステル類 三　ニトロ化合物 四　ニトロソ化合物 五　アゾ化合物 六　ジアゾ化合物 七　ヒドラジンの誘導体 八　ヒドロキシルアミン 九　ヒドロキシルアミン塩類 十　その他のもので政令で定める次のもの 　一　金属のアジ化物 　二　硝酸グアニジン 　三　1-アリルオキシ-2・3-エポキシプロパン 　四　4-メチリデンオキセタン-2-オン 十一　前各号に掲げるもののいずれかを含有するもの	第一種自己反応性物質 第二種自己反応性物質	10 kg 100 kg
第六類	酸化性液体	自身は燃焼しないが、混在するほかの可燃物の燃焼を促進する液体。	一　過塩素酸 二　過酸化水素 三　硝酸 四　その他のもので政令で定める次のもの 　ハロゲン間化合物 五　前各号に掲げるもののいずれかを含有するもの		300 kg

（2）消防用設備

　消防用設備は、初期段階に火災を消火し、火災発生を警報により知らせて、避難をさせるなど、火災による被害を減らし消防活動に利便を提供する設備をいう。消防用設備は、消火器や消火栓などの設備及び消防用水、消火活動上必要な施設の三つがある。火災予防のため建築物の用途分類に従い、その規模や収容人員などから、配置する消防用設備の種類と数が決められる。事業所の規模によるが測定分析業は、消火器、屋内消火栓、自動火災報知設備等の配置が要る。消防用設備は、半年又は1年に一度点検し、3年毎に管轄消防署に消防用設備等点検結果報告書を提出する（消防法17条の3の3：3.9.4節にも記載）。
　関係するであろう主な消防用設備を表3.15.4に示す。

表3.15.4　主な消防用設備

消防用設備			備考（主な要件、具体例ほか）
消火設備	消火器具	消火器	歩行距離20m以下の間隔で配置
		簡易消火器具	バケツ、水槽、乾燥砂
	屋内消火栓設備		1号消火栓（25m 二人操作）、2号消火栓（15m）
	スプリンクラー設備		油・電気火災は不可
警報設備	自動火災報知設備		感知器又は手動で警報（サイレン／ベル）
	ガス漏れ火災警報設備		都市ガス／プロパンガス
	漏電火災警報器		ラス漏電火災警報器／対象：木造建築物
	火災通報装置		電話回線を利用し消防機関に通報
	非常警報器具		警鐘、携帯用拡声器、手動式サイレン
	非常警報設備		非常ベル、自動式サイレン、放送設備 火災発見者が又は自動火災報知設備が起動
避難設備	避難器具		階単位に設置（1階及び11階以上を除く） 例：滑り棒、避難ロープ、避難はしご、避難用タラップ、滑り台、緩降機、救助袋、避難橋
	誘導灯、誘導標式、避難口誘導灯、通路誘導灯		―

（3）防火管理

いくら消防用設備を整備しても防火に関する管理者が中心となった管理体制を整備しておかないといざという時に役立たない。消防法に規定される防火対象物に該当する場合、防火管理者の選任が必要になる（防火管理者の責務：消防法施行令第3条の2）。測定分析業の場合、建物が防火対象物（施行令別表第一の第15号、いわゆる事務所）に該当し、収容人員が50名以上の場合防火管理者を置く。防火管理者は、防火管理講習を受講し修了する等の資格が要る。

「防火管理制度」とは、防火管理の実施を消防法第8条で義務付けた制度である。消防法は、「多数の者を収容する防火対象物の管理について権原を有する者は、一定の資格を有する者から防火管理者を定め、防火管理を実行するために必要な事項を『防火管理に係る消防計画』として作成させ、この計画に基づいて防火管理上必要な業務を行わせなければならない。」としている。防火管理者の業務を表3.15.5に示す。

表3.15.5　防火管理者の業務

・消防計画の作成	・火気の使用又は取扱いに関する監督
・当該消防計画による消火、通報及び避難の訓練実施	・避難又は防火上必要な構造及び設備の維持管理
・消防設備、消防用水又は消火活動上必要な施設の点検及び整備	・収容人員の管理
	・その他防火管理上必要な業務

防火管理者は、防火管理業務の推進責任者として、防火管理に関する知識を持ち、強い責任感と実行力を兼ね備えた管理的又は監督的な地位にある者でなければならない。そして計画だけでなく、実際に計画通り行動できるか日常的に訓練しておかねばならない。訓練を実施すれば、いろいろな問題点も表面化してくるため、常にそうした事項を検証し、計画、設備、体制を見直すのが重要である。なお可能なら3.17.5節のBCPと連携をはかりたい。

3.15.4　安全衛生

（1）労働安全衛生と災害

厚生労働省の発表[139]によると、労働災害による死亡者数は平成30年1年間で909人となっている。昭和36年の6712人をピークとして、昭和47年の労働

安全衛生法制定に始まった各種活動により随分減少したとは言え、まだまだ多くが亡くなっている。平成30年1年間の休業4日以上の労働災害者数は127,329人である。そうしたことから考えて、次節以降に述べる安全衛生の管理は、重要な業務の一つである。

（2）体制と責任者

労働安全衛生法に従う安全衛生管理体制は、権限や役割等を明確にした責任者を配置し構築する。この労働安全衛生体制の最低基準は、①事業場の業種、及び②常時使用する労働者の人数により定められる。

安全衛生は、労働者に指示したり監督を行い確保する。法は、事業者に表3.15.6の管理者の配置を義務づけ、安全衛生管理体制を構築させる。測定分析業の配置しなければならない安全衛生管理者等の最低基準を表3.15.7に示す。加えて作業主任者を危険有害な作業の指揮等をさせるため配置する。測定分析業の作業主任者を選任する代表的な作業に、屋内作業場等の場所で有機溶剤を取り扱う業務（一定の条件あり）があり、有機溶剤作業主任者を置く。

安全委員会及び衛生委員会は、労働者の意見を聞き安全衛生管理を進めようとする制度である。安全及び衛生両方の委員会を設置しなければならない場合「安全衛生委員会」として一つの委員会にしてよい。測定分析業は、事業所の従業員が50人以上であれば表3.15.8の衛生委員会を設ける。

表3.15.6　管理者等

管理者	業務など
総括安全衛生管理者	業務の統括管理、管理者等の指揮、事業所全体の安全衛生を守る（危険防止、教育、健康診断、労働災害の再発防止、その他）
安全管理者	上掲業務の安全に関する技術的事項の管理
衛生管理者	同業務の衛生に関する技術的事項の管理
安全衛生推進者	危険防止、教育、健診ほか職場の安全衛生管理
衛生推進者	職場の衛生全般管理
産業医	職場の労働者の健康管理等（健康診断、面接指導、教育など）
作業主任者	法定の危険又は有害な作業の、方法の決定及び作業の指揮

表 3.15.7　管理者の配置（配置の義務を丸印で示す）

規模（人）以上～未満	総括安全衛生管理者	安全管理者	衛生管理者	産業医	安全衛生推進者	衛生推進者
10～50						○
50～1000			○	○		
1000～	○		○	○		

(注) 表は測定分析業の該当する施行令第二条第 3 号「その他の業種」の基準を示す。

表 3.15.8　安全委員会及び衛生委員会の設置

業種	安全委員会	衛生委員会 従業員の規模	
		50 人未満	50 人以上
測定分析業（サービス業）	設置不要	設置不要	設置要

(注) 表は測定分析業の該当する施行令第二条第 3 号「その他の業種」の基準を示す。

（3）労働者の危険又は健康障害の防止措置

　事業者は表 3.15.9 の危険等について防止措置及び必要な措置を採らねばならない。

表 3.15.9　防止措置を講ずべき危険等など

危険	(1)機械器具その他の設備による危険 (2)爆発性の物、発火性の物、引火性の物等による危険 (3)電気、熱その他のエネルギーによる危険 (4)掘削、採石、荷役、伐木等の業務の作業方法から生じる危険 (5)墜落するおそれのある場所、土砂等が崩壊するおそれのある場所等に係る危険
健康障害	(6)原材料、ガス、蒸気、粉じん、酸素欠乏空気、病原体等による健康障害 (7)放射線、高温、低温、超音波、騒音、振動、異常気圧等による健康障害 (8)計器監視、精密工作等の作業による健康障害 (9)排気、排液又は残さい物による健康障害
健康風紀生命	(10)建築物その他の作業場について、通路、床面、階段等の保全並びに換気、採光、照明、保温、防湿、休養、避難及び清潔に必要な措置その他労働者の健康、風紀及び生命の保持のため必要な措置
労働災害	(11)作業行動から生じる労働災害

（4）安全衛生教育

法に定められた安全衛生教育は次のとおり。

①雇入れ時の教育　　　機械操作や作業手順の教育

②作業内容変更時の教育　機械操作や作業手順の教育

③特別の教育　　　　　危険又は有害な業務に従事させる場合

④職長の教育　　　　　安全又は衛生のための教育（対象業種は建設業など6種）

⑤能力向上の教育　(ｱ)安全管理者、衛生管理者、安全衛生推進者、衛生推進者、
　　　　　　　　　　　その他労働災害防止業務従事者に与える教育

　　　　　　　　　(ｲ)危険又は有害業務従事者に安全衛生の水準を高め労働
　　　　　　　　　　　災害防止のため（60条の2）

（5）健康診断

法第66条に定められた健康診断は表3.15.10のとおり。

表3.15.10　健康診断の概要

種類	概要
雇入時の健康診断	全ての労働者に実施
定期健康診断	1年に1回定期的に実施
特定業務従事者の健康診断	有害物の取り扱いなど、特定の業務に従事する労働者に6か月に1回
海外派遣労働者の健康診断	6か月以上海外に派遣する労働者に実施
給食従事者の検便	給食業務に従事する労働者に実施

更に屋内作業場等の場所で一定の有機溶剤を取り扱う業務など有害な業務に常時従事する労働者等は、雇入れ時、配置替えの際及び6月以内ごとに1回特別の健康診断を実施しなければならない。

（6）作業環境管理

作業環境中に例えば粉じん、有機溶剤、騒音等の労働者の健康に悪い影響を及ぼす様々な有害要因が存在する。それらの有害要因を除き、適正な作業環境の確保と維持を目的に作業環境管理を行わねばならない。この作業環境管理に情報を提供するため作業環境測定を行う。事業者は、前述の有機溶剤を取り扱う業務などの政令に定められた有害な業務を行う事業場の作業環境測定を実施しなければならない。

（7）職場環境整備

測定分析会社においても職場環境整備は重要な経営課題である。測定分析業務では毒物劇物や危険物を取り扱い、現場環境調査では力仕事や深夜・徹夜の時間帯に作業を行う場面もある。

3.10.1 節及び 3.10.2 節に掲げた、分析室・施設の５Ｓ、管理対象施設の環境条件整備とともに、安全衛生面の条件を整え、女性、障がい者、高齢者も働きやすい職場環境の整備が必要である。

（8）安全運転管理者制度

環境調査に対応するため多くの調査用車両を所有する分析会社もある。組織によっては、雇用した高齢者に車両を運転させる機会も生じる。高齢者の運転操作間違いによる死亡事故の発生は、大きな社会問題となっている。あおり運転による死亡事故など、車両事故は事業の大きなリスクとなる。そうした事故に関連する安全運転管理者制度について述べる。

安全運転管理者制度は、道路交通法第 74 条の 3 の規定に基づき、自家用自動車（いわゆる「白ナンバー」）を一定台数以上使用している事業所が、安全運転管理者や副安全運転管理者（以下「安全運転管理者等」という。）を選任し、事業所における安全運転の確保を図るための制度である。

事業主等は、次の規定の台数以上の自動車を使用する本拠ごとに、安全運転管理者を選任しなければならない。

・乗車定員 11 人以上の自動車の場合・・・1 台以上
・その他の自動車の場合 ・・・・・・・5 台以上

自家用自動車の台数によっては、安全運転管理者の業務を補助させるため、副安全運転管理者を選任しなければならない。

安全運転管理者は、事業所において安全運転管理業務や運転者に対する交通安全教育を行わなければならない。その業務内容は、

　　①運転者の適性の把握
　　②運行計画の作成
　　③危険防止のための交替運転者の配置
　　④異常気象時の安全運転の確保
　　⑤点呼・日常点検の実施及び安全運転の確保のための指示
　　⑥運転日誌の備付けと記録
　　⑦運転者に対する安全運転指導

がある。事業主等は、安全運転管理者等に法定講習を受けさせなければならない。

（9）環境調査現場の事故・怪我について

自然環境調査に対応するため社員を森林などのフィールドに出向かせる測定分析会社もあろう。当然、現場調査の安全教育を実施し、安全装備品のチェックなどを行わせる十分な対策のもと社員を現地に出向かせていると思う。しかし現場は突発的に何が発生するかわからないことだらけと考えてよい。

現場作業の安全を考え次の準備を行う。予め業務の実施計画をたて、作業手順や注意点の確認を行う。作業手順計画、担当割振り（例：表 3.1.4）、作業進行計画（例：表 3.1.5）、携行装備品表、緊急時の連絡網（例：図 3.15.1）を準備する。危険作業を洗い出し対策を立て、情報を共有する。顧客との打合せ、作業班の事前打合せを行い、齟齬のないようにする。

作業開始前に安全装備の着用と作業内容を確認する。作業開始後、指差し呼称により安全と手順を確認し作業を進める。作業終了後、事後の打合せを行い、顧客に報告する。

万一事故が発生した場合、被災者を保護し、病院に搬送する。勤務先に連絡し、必要な場合警察署、労働基準監督署に連絡する。現場を検証し、原因を調査し、設備や手順の改善を行う。社内の安全教育の事例とし、再発を防止する。

例えば、蜂毒による刺傷を考えた場合、アナフィラキシー症状が有名である。一般社団法人日本アレルギー学会によると人口の 0.36％が蜂毒過敏症状を呈し、ハチ刺傷による死亡者数は、年間約 20 人（2001〜2013 年の平均値）[140] である。アナフィラキシーを発症した場合、一分一秒を争うような対応処置が要る。最悪の場合、死亡事故につながる。調査に出向く前に蜂毒に対するアナフィラキシーの抗体検査を受診し、陽性者に医師から「アドレナリン自己注射薬（エピペン）」を処方してもらい、現場調査時に所持するのがよい。

用語解説 [141]

アナフィラキシーとは、「アレルゲン等の侵入により、複数臓器に全身性にアレルギー症状が引き起こされ、生命に危機を与え得る過敏反応」をいう。「アナフィラキシーに血圧低下や意識障害を伴う場合」をアナフィラキシーショックと言う。

蜂以外にも、フィールドはいろいろな危険が潜んでいる。確かな知識、事前の準備、迅速で的確な対応が必要である。

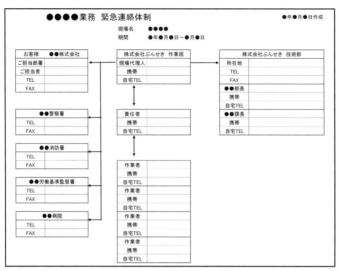

図 3.15.1　緊急連絡網（例）[10]

3.15.5　環境と廃棄物

（1）排出ガス及び排出水の処理

　測定分析の業務は、酸又は有機溶剤等の蒸気ほかを発生する。その排出ガス処理は、ドラフトチャンバーに関連するため既に 3.10.2（5）節に述べた。測定分析業の排出ガスは、主にそのドラフトチャンバーで発生し、排気ファンを用いて引きスクラバーを通した後に排出する。それらの施設は大気汚染防止法の特定施設に該当しない。しかしそのまま排出することなく、スクラバーなどにより酸又は有機溶剤等を処理した後大気中に排出しなければならない。

　同様に測定分析業務はガラス器具等の洗浄排水、残試料の廃棄液などの廃水が出る。測定分析作業に使われる実験台などの流しは、それらの廃水を流し排出するため利用され、水質汚濁防止法施行令別表第一の 71 の 2 号「科学技術（人文科学のみに係るものを除く。）に関する研究、試験、検査又は専門教育を行う事業場で環境省令で定めるものに設置されるそれらの業務の用に供する施設」の「イ　洗浄施設」に該当する。そのため流し台など洗浄施設を設ける場合、公共用水域又は下水道に排出するのであれば、水質汚濁防止法又は下水道法（又は該当する場合地域の条例）に従い、事前に届け出なければならない。

　3.10.2（6）節に記述した通り、中和排出系、重金属廃水系、クロム廃水系、

シアン廃水系、有機溶剤系などの複数の処理経路を準備し、発生する廃水を排出基準以下の濃度に処理し排出する。同様に、洗浄排水など排出量の多い中和排出系は自動処理装置を設けて、その他は回分（バッチ）式処理により対応できるであろう。

　処理水は定期的に試料を採取し、測定し記録を残す。測定は法の規定に従い、排水基準を定める省令別表第一にある重金属などの届け出た法定有害物質の濃度ほかについて実施する。ちなみに同省令別表第二の生活項目の排水基準は、排出水量が 50 m³未満の場合適用されない。

（2）廃棄物

　測定分析業から排出される主な産業廃棄物を表 3.15.10 に示す。その他の廃棄物として、特別管理廃棄物及び事業系一般廃棄物（事業活動に伴い生じた産業廃棄物以外の廃棄物）がある。入手した分析用試料が該当する場合もある。

表 3.15.10　測定分析業から排出される主な産業廃棄物

廃棄物の種類	具体例（測定分析業以外の廃棄物もふくむ）
燃え殻	石炭がら、焼却炉の残灰、炉清掃排出物、その他焼却残さ
汚泥	排水処理後および各種製造業生産工程で排出された泥状のもの、活性汚泥法による余剰汚泥、ビルビット汚泥、カーバイドかす、ベンナイト汚泥、洗車場汚泥、建設汚泥等
廃油	鉱物廃油、動物性廃油、潤滑油、絶縁油、洗浄油、切削油、溶剤、タールピッチ等
廃酸	写真定着廃液、廃硫酸、廃塩酸、各種の有機廃酸等全ての酸性廃液
廃アルカリ	写真現像廃液、廃ソーダ液、金属せっけん廃液等全てのアルカリ性廃液
廃プラスチック	合成樹脂くず、合成繊維くず、合成ゴムくず（廃タイヤを含む）等固形状・液状の全ての合成高分子化合物
ゴムくず	生ゴム、天然ゴムくず
金属くず	鉄鋼、非鉄金属の破片、研磨くず、切削くず
ガラスくず、コンクリートくずおよび陶磁器くず	廃ガラス類（板ガラス等）、製品の製造過程等で生ずるコンクリートくず、インターロッキングブロックくず、レンガくず、廃石膏ボード、セメントくず、モルタルくず、スレートくず、陶磁器くず等
鉱さい	鋳物廃砂、電炉等溶解炉かす、ボタ、不良石炭、粉炭かす等
がれき類	工作物の新築、改築または除去により生じたコンクリート破片、アスファルト破片その他これらに類する不要物

この節では特別管理廃棄物（揮発油類、灯油類、軽油類などの廃油、著しい腐食性を有する pH2.0 以下の廃酸、著しい腐食性を有する pH12.5 以上の廃アルカリ等の特別管理産業廃棄物及び特別管理一般廃棄物）について触れない。

　事業系一般廃棄物は、所在の市町村の清掃センターに自ら又は許可業者に依頼して持ち込み処理するか、許可業者に委託し処理する。事業系一般廃棄物処理は、産業廃棄物に適用される契約書の締結そしてマニフェストを要しない（但し法的な扱いとは別にして、通常契約する）。

　産業廃棄物の処理は、法に契約等の義務と責任が排出事業者に課される。先ず許可業者と契約を取り交わしたうえで、マニフェストを使い処理を委託しなければならない。そのほか法に規定された処理の工程の確認を含む課される責任を表 3.15.11 に示す。

　表 3.15.11 の⑥にある処理状況の確認の目的は、最終処分終了まで一連の処理が適正に行われるよう必要な措置を講ずることにある。例えば現地確認などにより、委託処理業者の処理能力の確認を行えばよい。委託処理業者の(ｱ)許可証原本、(ｲ)許可申請書、(ｳ)処理フロー図、(ｴ)二次委託先との契約書、(ｵ)財務諸表を確認するなどにより、(a)適正な処理方法かどうか、(b)処理業者の情報開示の姿勢、(c)未処理物の状況、(d)機密保持について確認するのがよい。

表 3.15.11　排出事業者の責任

①産業廃棄物を自ら処理する（法3条、11条）。
②特別管理産業廃棄物を生ずる事業場は特別管理産業廃棄物管理責任者をおく。（法12の2条）
③自ら処理する場合処理基準を遵守（法12条1項、12の2条1項）
④委託基準の遵守（法12条6項、法12の2条6項）
⑤マニフェストの適正運用（法12の3条）
⑥委託廃棄物の処理状況確認（法12条7項）
⑦多量排出事業者の処理計画策定と報告（法12条9項、法12の2条10項）

（注）多量排出事業者は、前年度産業廃棄物 1000 トン以上又は特別管理産業廃棄物を50 トン以上排出した事業者をいう。

　産業廃棄物を処理する場合、委託処理業者に引き渡すと同時に、品目毎に記載作成したマニフェストを交付する。

産業廃棄物の保管の基準は表 3.15.12 のとおり。なお一般廃棄物の保管基準は法に定められていない。表 3.15.12 の②にある掲示板の例を、図 3.15.2 に示す。

表 3.15.12　産業廃棄物の保管基準

①囲い
②掲示板
③飛散、流出、地下浸透、悪臭発散防止措置
④汚水の排水溝等の設備を設け不浸透性の材料で覆う
⑤ねずみ、害虫の発生防止
⑥法規定の屋外保管の場合の条件の順守
⑦法規定の石綿含有産業廃棄物の措置に従う

産業廃棄物保管場所	
産業廃棄物の種類	○○
管理者氏名	○市○町○○番地 株式会社○○
連絡先	△△△△ TEL　01-234-5678
最大保管高さ	○m

図 3.15.2　掲示板の例（一辺 60cm 以上の大きさ）

（3）成分不明試料の扱い

測定分析会社は、顧客からいろいろな試料が持ち込まれ分析を行う。試料の履歴（採取場所、組成、有害物・危険物の有無、ＳＤＳの添付など）が明確な場合がある一方、工業製品の開発品など素性不明のまま分析依頼を受けることもある。後者の場合の手順として次の対応などが考えられる。

①守秘義務契約を取り交わし情報の提供を受ける

②顧客立会のもと分析を行う

③素性把握のための分析費用込みで依頼を受ける

こうした場合、分析完了後顧客に試料を返却することになるが、顧客が測定分析会社に処分を求める場合、自社で無害化して又は専門業者に委託するなど

により廃棄する。廃棄するとはいうものの廃棄試料の素性をすべて把握できていないであろうから、素性不明品の処分に大変危険を伴うのを認識して対応しなければならない。

　有害物は含まないため、分析完了後試料を他の試料とともに保管していたら、発熱し煙が出てきて大慌てした経験を聞く。引火性の成分か発熱体が含まれていたのか、他の試料の成分と反応したのか、原因は不明である。一歩間違えれば火災や爆発による大きな被害にもなりかねない。試料保管・廃棄を安易に考えないことが必要である。

3.16 販売

3.16.1 営業と顧客管理

（1）商品の特性

　測定分析業の商品はデータであり、自動車などの有形商品と異なり無形商品である。2.3.6 節に述べたとおり、商品の仕様が曖昧になり、顧客が事前に期待した測定分析の結果やデータと事後に得られたそれが乖離すると、評価が悪くなる。顧客の求めるところを十分聞き知って測定分析の担当者に正確に伝え、提供する結果とデータは要求事項を十分満たさないといけない。顧客の要求事項を把握し、それを達成するため関係する工程の担当者に伝え、管理されなければならない。受付者が顧客の要求を十分把握したとしても、その後の工程担当者それぞれにうまく伝達されていなければ顧客は期待を裏切られる。樋上倫久が 1983 年に述べた「料金は画一的統制が行われない限り『市場性』に左右される要素が大きい。そのため低料金での安定経営的処置を必要とする」[142] の状況は現在でも変わっていないと思う。低料金下の競争ほど顧客の満足度が重要となる。

　顧客の要望を十分聞き取る一方、測定分析から得られるデータの品質、利用する機器の性能、測定分析の限界など、無形商品なだけに顧客が納得のいく商品の説明が要るであろう。それらの性能、機能、仕様などは分析担当者に必要な顧客情報を与え必要な技術情報を提供してもらうなど協力して、説明資料を準備するのが良い。「手ぶら」の説明つまり口頭だけの話をしたところで、顧客にとってつかみどころがなくよく分からない。

（2）営業戦略と顧客管理

　既存の顧客を維持する一方で新たな顧客を獲得しなければならないのは改めて言うまでもない。3.2.2 節にも触れたが営業部署だけでなくあらゆる部署が顧客の要望、情報、苦情などに耳を傾け、営業の拡大を図るべきであろう。それこそマーケティングである。

　前述の分析及び得られる結果の特徴などを説明した資料は勿論、その他に顧客に有用な情報を提供する PR 誌、アンケートによる顧客の動向の調査、粗品や挨拶状の配布と配信、イベントの開催と招待などが考えられてよい。繰り返すが、顧客との緊密な連絡と情報共有、そして得られた知見と必要なアドバイスの提供活動を推進することが、我々分析会社の価値を上げることに繋がる。

　取引きの経過や売り上げの推移を記録した顧客台帳を用意したい。取引履歴

そして訪問履歴、顧客の経営状況や人事、営業の動向などを記録し、顧客ごとの対応を可能にしたい。

それらの情報を検討して、重要顧客、積極的に拡大する顧客、そうでない顧客など顧客をクラスに分類し、営業戦略をたてたい。限られた人材と時間を有効に使うためにもこうした戦略が必要になろう。

営業事務はアシスタントではない。書類の作成や提出代行やパンフレットの在庫管理などの支援業務のほか、顧客の管理そして顧客から入る連絡の展開と担当者に代わり処理するなど、マネージャー的な役割を担ってよい。

それらの活動を計画し実施し確認し見直すのは、営業担当管理職及び経営層の責任である。

（3）売上予算

売上予算をたてる、つまり過去の売上について時系列の評価及びそれぞれの顧客毎の判断、更にほかの情報も加味して、売上目標をたて予算とする。売上予算は、事業活動全ての土台となる。管理職を始めとして全社員が予算に従い誰が何を具体的に実行するかを明確に決め理解しなければならない。財務諸表の数字に留めず、各部署の施策の数値目標まで落とし込む。部署及び担当者の数値目標まで展開せずに、売上予算の作成だけに留まれば、予算をたてたところで何も変えられない。

ほかの業務と同様 PDCA を回し、予算未達の場合原因を検討し対策を得た上で、計画を修正する。未達の原因を振り返らずに新たな計画をたててしまうのは、PD、PD・・・の繰返しであり、いつまでたっても計画の精度が上がらない。

3.16.2　顧客評価の入手

測定分析の結果（報告書に記載されたデータ、つまりいわゆる商品）は、他のサービス業と同様、不良や誤りなどを生じた場合元に戻すことが難しい。同じ試料があれば再分析も可能だが、時間的な損失もありサンプリングを再実行しても全く同一の試料はほとんどない。試料が一つしかないなど再分析が不適当な場合、必ず顧客に不満を残す。品質管理そして業務管理の仕組みが要る一つの理由である。

顧客の苦情は必ず対応しなければならない。顧客が伝えてくれない苦情は改善に活かせないというより、顧客を失う原因となり大きな痛手となる。顧客が苦情を言いやすい仕組みを作り、誠実にそれに対応すれば信頼関係を維持できる。常

時でなくともよいがアンケートを取る又は顧客の担当者が状況を聞き出すなどにより、顧客の満足度を推し量る仕組みを作りたい。それは測定分析の結果及び報告書に顧客が抱く不満を推測し、トラブルを予防する仕組みとなる[90]。そのアンケートはまとめられ記録されねばならない。営業が行う聴き取りは、通常の営業活動に埋没させないため、「特別調査期間」を設けるなどして、記録と集計を行う工夫をする。そしてまとめた結果をその後の活動に活かす。

　客から伝えられた苦情に対応した場合、対応だけでなくその事実を記録しなければ原因の追究に至らない。客が「構わない」とか「済んだことであり今後気を付けて」と言ったことを理由に記録し報告しないのは、責任放棄に等しい。サービス業の一形態である測定分析は、結果を受け取って初めてその品質が判る。苦情の記録に加え、前述のアンケートそして顧客から常に評価を入手できるよう、全ての業務に顧客の状況や意見を記録させ報告する仕組みがあるとよい。いかに最新であり他にない素晴らしい技術であっても、それが本当にどうなのかは顧客が評価する。苦情や顧客の評価を基にして、信頼を得る活動や将来進む方向の検討に繋げる。マーケティングの一つにもなる。これらの評価収集と解析は、営業担当管理職の責任であろう。

　最後に付け加えておくと、アンケートを複数の設問を用い行う場合、最後に「総合評価」を尋ねる質問を入れておきたい。この総合評価とほかの設問の回答を統計的に解析し、総合評価の原因が何か探れる[143]。更に営業員の情報は、生の声を聞け重要であるが、自身の評価に繋がるため偏り恣意的な情報になる可能性がある。そしてアンケートも回収率が低い場合、特定の顧客の情報だけになる可能性がある。そうした欠点の存在を念頭に置き、種々の情報を総合的そして客観的に判断し利用しなければならない。

3.17　その他の業務管理

　本節は、これまで述べていない業務のうち、3.17.1 節に営利事業として重要な事業予算、3.17.2 節に原価計算、3.17.3 節に商品や企業自身を宣伝する広報活動及び業界など関連団体の活動について触れる。

　そして、図 2.2.3 業務工程図にはないが測定分析会社が事業展開する上で重要な工程として、3.17.4 節に内部監査、3.17.5 節に BCP について示す。

3.17.1　予算
（1）予算の必要性

　予算は社長か経理の仕事と考える人が居るかもしれないが、間違いである。仕事の計画と遂行の方法を数字を用いて示すのが予算である [144]。技術者の中には原価計算など自分の仕事でないと考える人もあるがそれも間違いである。事業全体を見て仕事をし判断していればそのような誤解は起きない。与えられた仕事さえやればよいと考えるのでなく、事業全体を見て自身の担当業務を捉えるのがよい。それを担当者レベルに求めるのは難しいかもしれないが、少なくとも管理職以上がその考え方を身に付ければ、うまく事業が運営されるであろう。事業である以上利益が重要であり、精度管理のほか業務管理の一つとして利益も念頭に置いて行動しなければならない。予算を計画しなくても利益が出るかもしれない。しかし予算は、効率的に事業を運用するための計画、そして部署毎の業務の調整を行う手段であり [144]、繰り返すようだが数字を使い仕事の計画と遂行の方法を示しているのであり、重要である。

　提出された来年度の売上計画を見て「金額が少ないから少し増やせ」と社長が言うと、売上金額が増えた予算が提出される。そのような鉛筆を舐めた予算は意味がない。そのような場合予算を立ててもその後見直すこともなく、実績と比較もせず、売上などの実績つまり結果だけを追うことになってしまう。残念だが筆者（服部）もそんな経験をしてきた。そうなると予算の作成が年度末の行事の一つにすぎなくなり、誰も予算を重要な仕事とみなさない。そうではない。予算は、会社の方針を示し組織の活動の方向を周知する事業遂行の手段でなければならない。

（2）資料の準備

　過去 3 年又は 5 年の会計資料例えば売上金額、製造原価、その他の経費の推移が判る表を準備したい。売上は商品（測定分析の群）毎の顧客売上金額の集

計表が必要であろう。この集計表は、それぞれの商品群、顧客、勘定科目の売上に占める割合（対売上構成比）及び初年度を 100 とした場合の金額指数を売上金額とともに記載しておく。更に売上は営業担当者毎の集計表も準備したい。

（3）売上予算の作成

　商品群及び顧客を群に分けた上で、売上予測を行う。ABC 分析などにより群を重要度により分類し、売上の 8 割を超える A 区分について予測すればよい。売上予測は、次の三つの方法及びそのほかの適切な方法を組み合わせて行う。

表 3.17.1　売上予測の方法

①判断的方法即ち上級管理職の判断により予測をする方法
②積み上げ法即ち第一線の営業担当者が予測した数値を積み上げる方法
③時系列分析法即ち過去のデータを季節変動（年内変動）及び長期的な推移（数年以上の長期間推移）、景気の循環（好況又は不況の予測）、その他の変動（年毎売上の変動）などの関数と考えて予測する方法

　あくまで予測であり短時間に労力をかけずにできるだけ正確な数値を得るような方法を探したい。予算の作成作業は大きな負担である。重要なのは、方法を決めて予算に適用し、予算実績を対比した結果を検討して精度が上がるように予測方法を年々改善していくことである。方法を定めず、例えば毎年適当に数字だけを求める予算又は期初に計画数字だけ立て期末に実績と比較して方法を見直さない方法は、それこそ PD、PD の繰り返しになり、いつまでも推測の精度が定まらず適切な予算が決められない。

（4）費用の予算

　費用は、管理が可能な費用と不能な費用に分けられる。前者は給与賞与、教育研修費、接待交際費、旅費交通費などを含み、後者は減価償却費、保険料、賃借料などがある。但し測定分析業では、予算を求める際上掲科目のほか電力費、ガス費、水道費、旅費交通費、車両関係費（整備点検料など）も管理不能費とみなし、時系列分析による係数を乗じることにより金額を求められると思う。

　管理可能費は、金額の大きな主な支出及びそれを除く残余金額を、月ごとに示すとともに売上構成比を併記した表を作る。原材料費、試薬購入費、ガラス

器具購入費などは、年合計金額を 100 又は 1200 にした指数を併記する。

　管理不能費は前年度の金額を支払い項目毎に月毎の支払金額を示す表に組み替える。先ずこの二つの実績表を準備する。

　各部署の管理職に金額の大きな次の二種の購入品、つまり①従来の購入品の購入予定及び②次年度の新規購入希望品について聞き取り、上掲実績表に書き加え予算集計表とする。この聞き取りは各部門の動機づけに必要である。予算案の提案及び予算額の調整を通して、必然的に重要な支出とそうでない支出を選別し、管理職に企業全体の目標を浸透させていきたい。

　この二種の予算集計表を用い販売予算と同様の予測方法を利用して管理可能費及び管理不能費の予算金額を推測する。

（5）目標利益の設定と次年度予算の作成

　売上予算及び費用の予算から利益を算出する。経営層の次年度事業の指針と事業計画に従って、予算を編成し調整する。より重要な業務とそうでない業務を選別し、事業計画を効率的に達成する計画として予算を作る。この選別と調整は経営層の責任であり、従業員に明確な方向付けとして予算を示す。そして予算を目標管理と関連づけ、従業員に課す目標の一つとする。

3.17.2　原価計算

　測定分析の料金を決める際の原価は、測定分析に必要な経費を対象試料数で除した金額である。当然測定分析 1 回（ロット、分析ランと言ったりする）当りの試料数により金額は変動する。

　日環協の資料「環境計測工程資料」[145) は、「測定分析のコストは、経費に占める直接人件費の割合が特に大きく、標準となる工数を決めればそれが料金の目安になりうる」としている。実際求めてみると、例えば試薬そしてろ紙などの材料費は労務費に比べ少なく、機器測定であれば数パーセント又は場合によりゼロつまり材料費が不要の場合もある。

　ある年の製造原価に販売費及び一般管理費（販管費）を加えた費用の内訳を図 3.17.1 に示す。製造原価に占める材料費の割合が少ないのがわかる。なおこの図に記載された科目の金額合計は、基本的に売上高から営業利益を減じた金額となる。

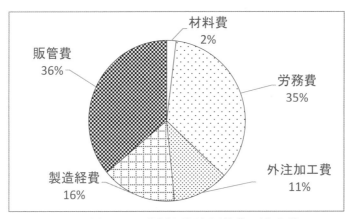

図 3.17.1　製造原価と販管費の構成 [10]

　分析料金を決める場合、測定分析の原価を求めなければならない。財務諸表作成や原価管理などの厳密な原価計算は別にして、料金を決める又は分析作業効率の改善などに用いる簡便な原価計算を提案したい。

　一つの単純な求め方として製品原価は、材料費に加工費を加えて求められる。それと同様に考えて測定分析の原価を求める。測定分析の一項目毎に必要な材料費及び労務費そして外注加工費をそれぞれの測定分析の直接費として集計する。材料費及び外注加工費はそのまま、労務費は賃率を求め測定分析に必要な直接作業時間を乗じて費用とする。材料費は、先入先出法などにより単価を決めなければならないが、年に一度標準単価又は仕入単価を決めておき、それを用いる。

　製造経費は、電力費、ガス費、修繕費、減価償却費などを含むが、間接費と考え、それぞれの測定分析一項目毎に配賦する。同様に販管費も配賦する。労務費の対象となる従業員の総労働時間を求め、製造経費と販管費を加えた金額を総労働時間で除し、「共通費用」として原価に加える。

　こうして仮の測定分析について計算した例を表 3.17.2 に示す。乱暴な方法かもしれないが、測定分析の料金を設定する場合の、そして作業効率の改善の目安として利用可能と考える。

表 3.17.2　工数集計・原価計算表 [10]

工数集計・原価計算表		名称	●●測定			コード	
		版数	第1版	コード			

名称	●●測定		1試料 当り	
工数集計表		工数(人分)	備考／分析フロー	
準備	ふるい掛け	15	ふるい掛け	
	試料充填	10	試料充填	
			定性分析	
測定	定性分析	2	確認	
	確認	6		
	標準の強度測定	3	標準強度測定	
	秤量	2	秤量	
	定量分析	2	定量分析	
後処理	器具洗浄	15	器具洗浄	
記録	計算・まとめ	10	計算・まとめ	
確認	報告書作成及び確認	20	報告書作成	
			確認	
	工数(人・分／1試料)	85		

原価計算表	●●測定		適用商品数	工数(分)		労務費用等の単価		費用(円／1試料)
		労務費	1試料	85 分		32 円/分		2720
	分析操作に必要な試薬・資材・外注費　／　共通費			85 分		47 円/分		3995
名称・銘柄・製造社・規格・純度・仕様			製品番号	包装	単位	仕入値	単価	使用量	費用
試薬	塩酸			500	mL	510	1.02	20	20.40
消耗品	フィルター　φ50mm			50	枚	9775	195.50	1	195.50
	シリコンチューブ			11	m	3380	307.27	1	307.27
	ろ紙			50	枚	25650	513.00	1	513.00
	チャック付ポリ袋			100	枚	320	3.20	1	3.20
	試薬・消耗品・外注費ほか			小計 (円／1試料)					1,039.37
	積算費用 (上欄の金額に最上段の「労務費」と「共通費」を加算)			合計 (円／1試料)					7,754.37

3.17.3　広報と業界活動

（1）広報

　2.3.6節測定分析業の管理システム及び3.16.2節顧客評価の入手に述べたように、測定分析は、サービス産業の特徴である結果を受け取って初めてその品質が判るため、事前の期待と事後の評価が乖離しない管理を求められる。そのため測定分析の内容を事前に顧客に説明する「広告資料」が重要である。得られる結果、そして依頼される業務の成果を事前に正確にどのように伝えるかを考えねばならない。どうかすると広告資料を分析機器の性能説明にしてしまいがちであるが、測定分析業は分析機器製造業の広告代理店でない。そのような資料は分析機器製造業に任せておけばよいのであり、表現が難しいと思うが測定分析の結果そして解析の結果、更には報告書等の成果物を具体的に広告資料として示すのが良い。そしてその広告資料は、3.1.1節受注と要求事項の確認に述べた受注者の責任として、準備し顧客に提供しなければならない情報でもある。

　広告資料に掲載すべき内容は、必要な場合例えば試料の量などの条件を付けた表3.17.2に示す6項目となろう。

表3.17.2　広告資料に掲載すべき内容

①必要な試料とその条件
②得られる結果、数値、写真、チャート、
③得られた上記②からわかること及びわからないこと
④定量下限、定性下限
⑤信頼性：3.5.2節で述べた依頼された測定分析の精度
⑥得られた上記②を顧客が利用できる方法と条件

　これまで述べてきた求められる「信頼性」とは、精確さを示す狭い意味の信頼性であるが、広告を活用すれば商品のそして産業としての広義の信頼性の獲得に繋がるであろう。この場合の広告は、企業広告を含む新聞などの媒体に掲載する広告をいう。村上拓也 [146] は川越、疋田編「広告とCSR」に「会社そしてその商品に信頼がなければ事業が発展せず、そのため従業員が社会から信頼される仕事をしなければならない」とし利害関係者の信頼を築いた活動の例として日本コカ・コーラの広告活動を挙げている。ねつ造などが話題になる昨今は、測定分析の技術などを示す前述の広告資料とは別に、企業の姿勢を前面に出す

不特定多数が対象の広告も考えてよい。それは社会に対するアピールに留まらず社内の活動の方向付けにも影響を与えるであろう。

（2）業界活動

社外の非営利活動は、CSR 活動（Corporate Social Responsibility；企業の社会的責任）例えば環境保護活動、文化支援活動、人権保護活動、職業体験、業界団体の活動などを含む。本節では業界団体の活動（業界活動）について述べる。

業界団体は、特定の業務例えば測定分析事業に携わる企業を会員とする組織であり、主に一般社団法人である。法人の一種である社団法人は、共通の目的を持って会員（注：法は「社員」という）が集まった非営利団体であって、活動から生じる剰余金を団体活動のみに使い、会員に分配してはならないとされている。非営利であることから、業界の発展、会員だけでなく顧客など利害関係者も対象とした活動を目的とする。

業界団体は、議決機関である社員総会そして執行機関である理事及び理事会ほかを置き、表 3.17.3 の活動を一般的に行う。行政は、⑥を利用し法律や政策を伝えそして会員に周知させ規制と統制を行ってきた。一方⑤の業界共通のルール制定や⑦の行政への要請は、会員単独でやろうとしても難しいが業界団体としてなら可能になる。そのほか業界団体の活動は、業界の発展そしてひいては会員の事業拡大に繋がる面があることも否定できない。

表 3.17.3　業界団体の活動

①課題や事業を行う際必要な委員会
②業界を社会に周知するための広報活動
③会員向け法令順守などの啓蒙活動
④業界の統計資料及び情報の収集と公開
⑤共通して用いる規格やルールなどの立案や策定
⑥行政から入手した情報の会員宛伝達
⑦業界から行政に意見や要望などを具申

測定分析業の業界団体は、主に表 3.17.4 から表 3.17.6 に示す三つがあり、測定分析業の多くが会員となっている。その他に表 3.17.4 の日環協の県単に相当する都道府県毎の団体、東京都であれば東京都環境計量協議会、愛知県であれば（一社）愛知県環境測定分析協会、大阪府であれば大阪環境測定分析事業者

協会などがある。

　測定分析に関連する学会は、公益社団法人日本化学会、公益社団法人日本分析化学会、公益社団法人日本水環境学会ほかがある。

表 3.17.4 　（一社）日本環境測定分析協会

概要	目的：環境測定分析の技術の向上ならびに環境測定分析事業の経営の改善 会員：環境測定分析事業者および環境計量士等　（正会員 468 社） 地域：全国 設立：昭和４９年４月 管掌：環境省および経済産業省の共管（公益法人） 略称：日環協
活動	・業界の実態調査等の調査研究、委員会活動 ・経営者セミナーの実施 ・技能試験の実施（ISO/IEC ガイド 43-1 に基づく環境測定分析分野の技能試験） ・ISO/IEC 17025 取得のための支援講座を初めとする講習・研修会の実施 ・会誌「環境と測定技術」（月刊）の発行による行政及び技術関係の情報提供 ・そのほかの図書・資料の出版
所在地	東京都江戸川区東葛西 2-3-4

表 3.17.5 　（一社）日本環境測定分析協会極微量物質研究会

概要	目的：極微量物質に関する調査・研究、情報・資料の収集並びに提供、クロスチェックや共同実験の実施、講演会・セミナーなどの開催、その成果の普及、会全体のレベルアップ、精度管理と測定分析技術の維持・向上を目指した事業の実施 会員：ダイオキシン分析を主に実施している事業所（MLAP 取得機関がほとんど：会員数 75 機関） 地域：全国 設立：平成 15 年 7 月 4 日 発足：（社）日本環境測定分析協会に所属する独立採算の「極微量物質研究会」として発足 略称：UTA 研
活動	企画運営、標準試料、技術情報、クロスチェック、研究開発などを中心に、随時新しいワーキンググループを設置し、研究会活動を行う。
所在地	（事務局）（一社）日本環境測定分析協会　東京都江戸川区東葛西 2-3-4

表 3.17.6　（公社）日本作業環境測定協会

概要	目的：作業環境測定法第 36 条に基づいて、作業環境測定士、作業環境測定機関及び自社測定事業場が相集い、これら三者の測定業務の進歩改善、作業環境測定士の品位の保持に資すること（公益法人）
	会員：作業環境測定士、作業環境測定機関及び自社測定事業場
	地域：全国
	設立：昭和 54 年（1979）
	管掌：労働省（平成 13 年 1 月より厚生労働省：公益法人）
	略称：日測協
活動	・作業環境測定士講習（登録講習）を初めとした研修・講習の開催 ・粉じん計の較正 ・作業環境測定士の登録事務（厚生労働大臣による指定登録機関に指定） ・総合精度管理事業（技能試験）の実施
所在地	東京都港区芝 4-5-5　三田労働基準協会ビル 6 階

3.17.4　内部監査

【情景 3.17.1】

ある測定分析会社における内部監査に関する会話の一コマである。

社員A：おいB君、君、内部監査員だったよね。

　　　　来月、ISO の外部審査があるけど、内部監査って完了したの。

社員B：はい、内部監査員です。

　　　　品質管理者から内部監査を実施するように指示されていますが仕事が忙しくて対応できていないです。

　　　　昨年もそうでしたが、仕事が忙しいようだったら仕事を優先してくれていいって品質管理者から言われています。

社員A：じゃあ、昨年はどうしたの。

社員B：はい、仕事が忙しくって時間がなかったので、C君に ISO の品質方針「知ってるか」と質問して「知ってます」という回答だったので、「指摘事項なし、品質システム問題なし」という監査報告書を作成し品質管理者に提出しました。

社員A：C君、君は品質方針の内容理解できているの。

社員C：だって、部屋の壁に方針掲示してあるので「知ってます」と回答しただけです。内容を理解できているかと聞かれれば不安ですが。

社員A：内部監査って、そんなもんでいいの。

社員B：いや、外部審査時に審査員から「御社のマネジメントシステムの有

効性を監査するように」と指摘されたようです。

品質管理者は、ISO の規格要求事項を確認し品質システムが有効に機能していることを確認しているので監査として問題ないんじゃないかって悩んでました。どういう内部監査を実施したらよいかわからないと。

社員Ａ：品質管理者も大変だと思うけど、うちの会社のマネジメントシステムの有効性ということであれば、「仕事が忙しくてまともな内部監査ができないのは何故か」を監査したり、品質方針が掲示されているかどうかの監査ではなく方針に示されている「精度管理を実施し顧客からの信頼を確保」が運用実践できているかどうかを監査したらどうなの。

社員Ｂ：そうかもしれませんが、それはうちの会社の業務そのものであり、経営課題そのものを監査するようなものですね。まさに業務監査ですね。

社員Ａ：そのとおりだと思うよ。

ISO の規格が求めているものがマネジメントシステムであれば、そうなるんじゃないの。

社員Ｂ：難しいな。

今年の内部監査、Ａさんお願いしますよ。確か、内部監査員の資格お持ちでしたよね。

内部監査は、情景 3.17.1 のように実施されていれば、外部審査対応が目的となり、有効な監査にならない。ISO の規格要求事項の確認や表面的な監査しか実施できなければ、会社を改善できないであろう。

会社経営に貢献できない ISO は意味がなくなり、仕事が優先されてしまい、経営者や社員の関心がなくなる。マネジメントシステムをどう理解しているか。情景 3.17.1 のＡさんの指摘は鋭いね。このような切り口で実施する内部監査はおもしろい結果になる。いろいろな問題が出てきて、指摘なしとか課題なしなどという監査結果にならない。正にそれが会社の課題であり、改善が必要な事項そのものになる。

ポイント２２：
　　内部監査って、誰のもの
　　自分達の組織をよりよく改善するためのものだったら
　　なれ合いでなく、真剣勝負の場が内部監査
　　業務を監査せずして改善なし

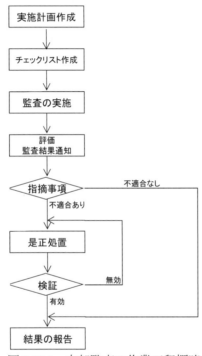

図 3.17.3　内部監査の作業工程概略

　内部監査の作業工程概略を図 3.17.3 に示す。その中で内部監査員の最も重要な作業は、計画と準備である。チェックリストの作成と監査対象者を誰にするか、その計画にある。対象部署の業務の SOP そして前回の不適合などを材料にチェックリストを作成する。

　内部監査は、必須の業務でないのと、2.3.4 節及び 3.12.4（1）節に述べたとおり日本の企業の職責が明確でないため、形式的になりがちである。そのため筆者（服部）には、日本の企業に ISO 式の内部監査をそのまま実施しても効果

があると思えない。内部監査は ISO の仕組みにあり、そのシステムの監査であるが、実施する場合表 3.17.7 のように業務改善の対話を加え拡張してよいと思う。対象部署の状況を十分理解しておけば、業務に直結する内部監査ができる。不適合は、あらさがしの結果と捉えるのでなく、SOP と突き合わせて手順の逸脱を探すのでもない。監査対象部署の、図 2.2.3 に相当する業務工程を理解して、その中にある問題点を探し、議論し、対策を共に考える。

　法順守を始め適切な業務がその部署でなされているかを、内部の目で判断する。問題点がどこにあり、考えられる対策を提案し、同僚でなくてはできない助言をするかにより実施する内部監査の価値を高められると思う。

表 3.17.7　内部監査チェックリストの例

チェックリスト				
被監査部署		監査員		
ISO 規格条項	チェック項目	監査結果		評価

担当業務	状況	問題点	議論の結果

3.17.5　BCP

（1）意義

　3.15 節に、自然災害など事業のリスクについて述べた。仮に南海トラフ巨大地震が発生し甚大な被害を受けたとき、どのように自分達の事業や組織を継続

させていくか、平時から考え準備しておかないといけない。そうでないと事業の再立ち上げに長時間を要したり、最悪の場合事業を継続できなくなる恐れがある。

　災害など事業継続の危機に、事業の落ち込みなく早期復旧し事業を継続することが大切である。その考えのもと、重要な業務を絞り込み、優先的に事業継続する体制を作る事業生き残り戦略、事業継続計画（BCP：Business Continuity Plan）が注目されている。

　内閣府が平成 30 年 3 月に調査した、「平成 29 年度企業の事業継続及び防災の取組に関する実態調査」によると大企業の 64%、中堅企業の 31% が BCP を策定済みである。既に、BCP に対応した組織作りを進める分析会社もあると思う。BCP は、社会的な使命のある分析業界に必要なシステムであろう。

　2020 年全世界を脅かすパンデミックとして猛威を振るっている新型コロナウイルスへの対応も正に BCP である。皆さんの会社ではどのように対応し事業継続されておられるだろうか。測定分析業界は、環境調査や分析作業など現場作業が主であることから中々在宅勤務も浸透しなかったのではないだろうか。今回の対応をまずはしっかり検証し、働き方改革やデジタル改革の絶好の好機と捉え、事業継続のために何が必要か検討し、組織に見合った具体的な BCP を策定することが必要である。

（2）準備と対応

　BCP は、表 3.17.8 に示す対象とする災害と被害の想定、重要業務（継続させる事業：後述中小企業庁の指針は「中核事業」と表現）、業務再開までの工程（例：図 3.17.4）、対応策、復旧目標、BCP の対応体制、安否確認手順、業務再開、連絡先、訓練と避難計画、備蓄品等を考えて作る。但し BCP は、被害想定に基づく表 3.17.8 にある対応策（表下段にある「計画する対応策の例」参照）を一度に準備できない。対応策として挙げる BCP 対応運転資金の調達、バックアップ用のコンピュータなどを、継続した議論を経て、予算を睨みひとつずつ時間をかけて準備せざるを得ない。

　BCP は、開催される BCP 作成講習会を受講するか、国や自治体から公表されたモデルを利用して作る。例えば中小企業庁が「中小企業 BCP 策定運用指針[147]」を、愛知県経済産業局が「中小企業向け事業継続計画（BCP）策定マニュアル[148]」を、それぞれホームページに掲載している。それらを利用すれば BCP を容易に準備できる。

表 3.17.8　BCP 作成時の検討事項

	事業継続計画	備考又は主な策定項目
基本方針	事業継続計画の基本方針	経営層の方針を示す
計画	対象とする災害	最初から対象を広げても定まらないため、地震、火災などに当初限定し、見直ししながら拡張
	重要業務と復旧目標	継続する業務と復旧期限
	重要業務が受ける被害の想定	想定される被害を明確にする
	想定被害に基づく対応策の実施計画	被害想定に基づく対応策^(※)をできるだけ挙げ、即時実施のそして将来行う対応を含む計画表とする
対応	ＢＣＰ対応と体制	対応体制（者）、連絡先リスト事業再開までの工程
	人命の安全確保の対応	災害発生時の安全確保、避難計画・避難経路図、安否確認の手順、二次災害防止、備蓄品リスト、帰宅判断と自宅待機、帰宅困難者の処置
	復旧	対応要員招集、被害状況確認、必要な情報の収集、復旧
	業務再開	―
その他	教育・訓練計画	定期的に訓練を実施
	見直し	点検と手順の見直し

（※）計画する対応策の例

（災害対応）	（業務再開）
・従業員の安否確認手段とルール ・顧客等の関係先連絡リスト ・避難経路と場所を含む避難計画 ・施設の耐震性／耐災害性等の把握 ・設備の固定など災害対応	・重要業務に不可欠な機器の維持 ・事業再開時の設備点検対応 ・資機材調達先の分散 ・操業停止時の資金調達と確保 ・情報の定期的バックアップと保存
（復旧活動） ・BCP 要員の決定と出社計画 ・遠隔地の企業と相互支援協定	（訓練と見直し） ・避難訓練、救護訓練 ・見直し

重要なことは、マニュアル作成後にある。災害時に影響を受けない遠隔にある同業者との協力協定の締結など、前述の一度にできない計画した対応策を進めねばならない。緊急用備品として用意する毛布ほか食料（乾パンが代表例）、飲料水、電池などの使用期限のある備品等の維持も要る。更に BCP 文書の定期的見直しは勿論、BCP の手順に従った訓練を実施する。

　BCP 文書作成で留まれば、緊急事態の対応は難しい。従って先ず機会のあるごとにその話題及び会社の考え方又は指針を、経営層や管理職から繰返し伝え、経営層の BCP に対する姿勢を示す。それにより BCP 担当部署を後押しするとともに、社内に BCP に対する基本的な考え方を浸透させねばならない。それは、3.1.3 節の顧客情報の機密そして 3.8.2 節の倫理、3.15.1 節安全管理と同じである。加えて定期的に避難訓練を設けるなど、業務の中に BCP 関連の行事を組み込まねばならない。そうしておかないと、本来の業務でない BCP の運用は、形式的となり、後回しの作業となり、本来の機能を持ちえない。

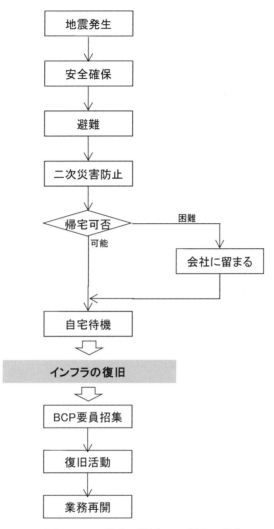

図 3.17.4　業務再開までの流れ（例）

第4章

まとめ

4 まとめ

4.1 システムと経営の関わり

　第1章～第3章において、マネジメントシステムから見た測定分析業界の経営課題を浮き彫りにするとともに、現場技術者や管理職が日常業務遂行に活用できるマネジメントシステム運用の考え方やヒントを提示してきた。最後にシステムの視点から少し補足する。

（1）経営システムと品質システム等の外部認証システムとの統合

　何と言っても最大の課題は、本来組織が有している経営の仕組み・ルールとISO認証取得のために構築した品質システムが別物になっている事例が多いことである。

　経営のシステムと別物の品質システムを、ある意味ダブルスタンダードのシステムを構築し、効率的な事業経営ができるだろうか。答えは、否である。

　経営とかけ離れた品質システムを構築しいくら運用しようが、期待するような成果は出せないばかりか、反対にムダが発生し、弊害や問題点が噴出するばかりである。

　情景3.17.1 内部監査の項で記述したようにマネジメントシステムとしてのシステム構築と運用が必要である。組織が本来有する経営システムを運用する中で、改善すべき事項は数多く検出されるはずである、そうした課題解決のための手段としてISOを活用することが必要である。ISOのためだけのシステムは、会社経営のためならずである。

　図4.1.1 に示したように、組織には固有の会計、労働衛生、品質、環境などのいろいろなルールや仕組みがあり、事業を展開しているはずである。その事業をさらに高めていくためにISO9001や14001などの規格を活用し、システムの見直しや業務改善を行いながら、事業経営に有効なマネジメントシステムとして機能させ、事業成果を引き出していただきたい。3.8.1 測定分析業の人材の節で紹介したように、環境計量証明事業所は、平均従業員数が25人のどちらかというと小規模の事業所が多い。そのことを考えるとより一層この想いは強くなる。

（2）固定概念を捨て、変える

　苦情などへの対応は、3.13節を中心にいろいろな事例を示してきた。根本原因を炙り出し原因を排除する是正処置を実施しないと、必ず苦情などは再発する。

　そして再発防止だけでは経営はできない。さらに予防という考え方が重要で

ある。予防により組織のリスクを排除していくことが大切である。

　最近、働き方改革が叫ばれているが、仕事の仕方を変えないと働き方は変わらないのと同じで、組織の風土や職場環境など根本を変えないと組織は変わらない。

（3）マネジメントする側の意識改革

　部下を持ちマネジメントする側にはそれなりの人格とモラルも必要である。ハラスメントへの対応も含め、厳しさ一辺倒の指導やただ闇雲に働く姿を見せておけば自然と人がついてきて組織が動くという時代ではない。

　経営システムと外部認証システムの統合、固定概念を捨て組織を根本から変え、マネジメントする側の意識も変えることが新しい時代の組織には求められているのではないだろうか。

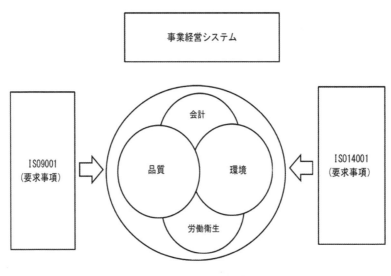

図4.1.1　事業経営システム

4.2 業務管理の仕組みと留意事項

　第 2 章及び第 3 章に述べた内容から、筆者は、それぞれの企業が自身の状況に合わせた、品質管理を含む事業の全体を管理する業務管理の仕組みを早く作り、運用を進めるよう提案する。即ち従来の計量法に基づく管理そして精度管理の考え方から、品質管理主体の業務管理に早く移行すべきと考える。

　その業務管理を構築する場合検討する仕組み及び活動を、第 3 章に提案した。それらから、図 2.2.3 の業務工程に従いそれぞれの工程の重要点を表 4.1.1 に示し、まとめた。

表 4.1.1　業務管理の仕組みと留意事項（その 1）

業務		構築する仕組みの重要な点	留意事項
受注と計画【3.1】	受注	・受注前に顧客の依頼目的に対応可能な設備、技術、要員（資格）の確保、コスト及び経営上のリスクの有無等についてチェックできる仕組み ・顧客から受注の際に必要な情報を入手し、測定分析を行う目的を把握して関係者すべてに正確に伝達し情報共有する仕組み	・経営のリスクやチャンスを的確に判断すること ・試料返却や廃棄方法の確認 ・返却について顧客との合意 ・表 3.1.1 に示す顧客の要求事項を確認すること
		・目的に応じた分析の条件や方法、分析精度、法規制、納期を含む最良の方法を、専門家として示す仕組み	・顧客から依頼の意図（目的）を聞き出し、目的達成に必要な情報を依頼書や計画書に的確に反映させるとともに、その内容の精査が重要 ・顧客に提供できる情報を準備

（注）表中の隅付き括弧内の数字は節番号を示す（以下同様）。

表 4.1.1　業務管理の仕組みと留意事項（その 2）

業務		構築する仕組みの重要な点	留意事項
受注と計画【3.1】	実施の計画	・測定分析や調査などの日程計画、人員計画、設備計画、更に原価計算も含む計画立案の仕組み	・次の①～③を行い指図の基礎となる計画を作成する仕組み ①依頼者の目的を具体的に記述し、測定分析担当者ほか関係者全てに伝達 ②目的を達成するための実施事項つまり必要作業及び順序と条件を把握 ③実施事項による関係部署の負荷把握及び精度など技術的要求に応えうる能力確認 ・管理職（計量管理者、システム管理者を含む）が作る、又は作成された計画を管理職が精査する
		・業務の納期実績の推移を把握し、問題提起を行い、納期短縮の改善活動を進める仕組み	・当該業務に対する標準工数の把握が必要 ・納期実績を基本情報として収集し関係者に示し受注活動に活用
	実行の指図	・上掲計画に従い指図する仕組み ・指図変更に臨機応変にかつ確実に対応できる仕組み	・特に品質管理など特殊分析依頼では、顧客が要求した分析位置（箇所）を分析担当者に明確に指示すること ・必要に応じ、試料の取扱いや安全性について顧客にＳＤＳの添付を求めることも必要 ・試料返却、保管、廃棄の有無の確認
	指図票	・随時指図票の様式を見直し、継続して改良する仕組み	・現場からの意見を反映させ、被指図部署が理解しやすい、使いやすい様式にすること ・不適合の統計的処理結果から重要性を判断し、反映させるなど継続して改良

表 4.1.1　業務管理の仕組みと留意事項（その 3）

業務		構築する仕組みの重要な点	留意事項
サンプリング【3.2】	サンプリング計画	・問題を未然に防ぐため、事前に及び現場で打合せを行いサンプリング計画を作成する仕組み ・計画を逸脱の計画も含めて作成する仕組み	・分析結果の有効性に関わる要因の管理、内部精度管理による品質管理を含む ・サンプリング手順や指針を規定 ・サンプリングの情報を記録する野帳の様式を規定 ・試料の廃棄物処理も念頭においた、適切なサンプリング計画が必要
	顧客対応	・顧客の目的にかなう報告書を提供する仕組み ・得られた知見と分析結果に基づく適切なアドバイスと、求められる分析方法の提案を行う活動を推進する仕組み ・顧客との緊密な連絡と情報共有を行う仕組み	・顧客の技術的な疑問に答え、解決の方法を提供し、分析の相談にのる活動 ・関係者から情報を入手し、漏れなく記載して顧客台帳を充実した内容にする活動 ・それに基づく対応手順を教育し、第一線の担当者の活動を支援 ・責任者（経営層、管理職）は、そうした指針を常に示す
試料の管理【3.3】		・試料を識別管理及び保管室を管理する仕組み ・試料が管理状態にあることを常に確認する仕組み	・試料履歴管理の仕組み整備 ・受付（受入）の時に試料状態の確認 ・記録などの作業をできるだけ省き自動化

表 4.1.1　業務管理の仕組みと留意事項（その 4）

業務		構築する仕組みの重要な点	留意事項
外注【3.4】		・外注先の一覧表など台帳を作成し管理する仕組み	・外注先の調査、評価 ・委託内容の明確化、文書化 ・受入検査の重要性 ・継続のそして一時的な依頼先をそれぞれ管理 ・頻度の高い測定分析項目の内製化そして外注先の選択などの資料として活用
分析・測定【3.5】	標準化	・標準化を推進する仕組み ・必要な補足事項を追記し、採用精度管理の手順を含む、測定分析に使う SOP を整備する仕組み ・ルーチン項目ではない、一品一葉な分析、特殊分析に対する標準化、手順化の仕組み	・管理職（技術管理者、品質管理者を含む）が先頭に立ち標準化（品質向上、時間短縮、疲労軽減、経費節減）推進 ・結果を安定させるため、やり方を規制する標準化を推進
	精度	・自身の担当業務の精度を求め管理する仕組み ・必要な場合顧客に精度を示す仕組み	・求めた精度を総合し、自社の品質を求め、問題を改善する活動 ・顧客が求めた精度に対応可能な分析法の提供に利用 ・日常データから精度を求める ・管理職（技術管理者、品質管理者を含む）が計画に従い推進 ・使用する分析者の力量に応じた手順書を整備すること
報告【3.6】	検査	・報告書の欠陥を統計的に解析しフィードバックする仕組み、毎月集計し報告伝達する仕組み ・管理職（技術管理者、品質管理者を含む）に報告書の発行権限を持たせ、発行承認は営業担当者の意見を求める仕組み	・管理職（品証室など責任部署ほか技術管理者、品質管理者を含む）の業務として報告書欠陥の統計的解析、ABC 分析等により原因を求め、対策を打つ活動 ・顧客の状況を知り、説明すべき内容を十分理解し、判り易い解説付きの報告書を作成する活動

表 4.1.1　業務管理の仕組みと留意事項（その 5）

業務		構築する仕組みの重要な点	留意事項
報告【3.6】	検査	・報告書の品質を向上させる仕組み	・検査重視主義から工程管理重点主義に移行させる ・製品（報告書）は前工程で作り込む ・所内でミスを検出した際には前工程に差し戻し改善させる ・図 2.2.3 に示した業務工程の内、特に鎖線で囲まれた受注以降報告検査迄の各々の工程で間違いを無くすこと
	様式（定型）	・顧客のより利用し易い報告書を求め改善する仕組み	・標準化した様式に付加記載し必要な情報を提供する活動 ・データを共通の形式の依頼者の必要な電子ファイルにして提供する活動
	様式（非定型）	・常に改善を怠らず、報告書（商品）を見直す仕組み	・管理職（技術管理者、品質管理者を含む）又は経営層が主体となり商品を見直す ・改善改良を年間の活動計画に織り込み活動 ・計量証明書など法的な規制があるもの以外は見栄えや読みやすさは重要
輸送・納品【3.7】	誤送信	・顧客の機密漏えいに繋がる納品先の誤り、送付先を誤らない仕組み	・受付時の活動を重要視する ・リストの準備、該当者でなければ開封できない仕組みを用意
	電子化納品	・集計そして解析などの再利用と加工を念頭に置いた電子納品の仕組み	・コンピューターの高速処理と大容量記憶の長所を活用

表 4.1.1　業務管理の仕組みと留意事項（その 6）

業務		構築する仕組みの重要な点	留意事項
人材と教育訓練【3.8】	教育・訓練	・個人毎のニーズによる研修計画に基づいたレベル向上の仕組み（目標管理又は人事評価制度と組み合わせた教育の方法） ・職場単位の相互啓発の仕組み（従業員全体のレベルアップと業務の改善活動）	・法、そして分析機器、分析方法、精度管理の四つの教育訓練
	人材育成	・継続的かつ体系的な人の配置を行う仕組み ・目的を掲げ人材の育成を継続的に行う仕組み ・適材適所	・マネジメント力のある管理ができる人間を育成する ・人的資源即ち人こそ最も大きな潜在能力を持つ資源であるので、計画と実行そしてその結果の見直しを、繰り返す ・日環協の倫理規範などの利用 ・流動性のある配置・異動に対応できる人材の育成

表 4.1.1　業務管理の仕組みと留意事項（その7）

業務		構築する仕組みの重要な点	留意事項
文書と記録・法定届出事務【3.9】	文書	・職務に必要な文書の計画的な整備 ・日常の業務の中で手順書、SOPなどの文書の作成を行う活動を継続する仕組み ・連絡・伝達文書を含む社内文書を番号付けなどにより体系化する仕組み ・文書のメンテナンスの仕組み	・不適合の是正、業務引継ぎ、効率向上、法改正、設備更新などの機会を捉え文書を作成する ・業務の遂行に必要な事柄を伝達する組織宛、職名宛の文書を管理する
	記録	・測定分析の結果を、データだけでなくその過程や操作など手順を記録した、明確に経過が説明可能となる記録の仕組み ・部門毎に同じ様式とした記録の準備とそれを見直す仕組み	分析担当者の責任として ①自身の操作が規定通り行われた証拠とする ②検証者がそれにより十分な確認を可能にする ③自身又は後任など他の担当者が今後行う同じ業務の参考にする ため記録する
	法規制への対応	・業務に付随する監督官庁への届出等を維持する仕組み ・日常業務の中で各担当者（担当部署）が自然とチェックしメンテナンスできる仕組み	・管理職（例：責任部署長）は、届出された登録内容を把握する ・管理職の責任の一つは、事務部門に対し監督官庁に届出作業を始めるよう指示すること ・事業登録関係の更新手続き等、メンテナンスが必要 ・施設改修、設備機器導入前の法令チェック、順守評価が必要

表 4.1.1　業務管理の仕組みと留意事項（その 8）

業務		構築する仕組みの重要な点	留意事項
施設 【3.10】	施設の管理	・業務全般に適合可能な環境条件を設定する仕組み ・試薬（毒物・劇物）保管室、危険物保管庫、廃棄物保管室、排水処理、排ガス処理の管理の仕組み ・汚染防止とセキュリティ	・分析室の温湿度を基礎データとして収集しかつ管理 ・施設の取扱い文書の準備 ・誤操作を起こさないため廃水処理経路などを関係者に伝え、それぞれの施設もラベルなどにより表示 ・温湿度の管理と共に、分析室内の雰囲気など状況管理業務は、管理職の責任の下に進める
設備 【3.11】	設備の管理	・分析機器など設備を日常点検や定期点検を行い管理する仕組み ・設備管理台帳を作成し維持する仕組み	・①機器管理の体系化、②異常が発生した場合の追跡、③適合性状況の客観的説明確保を目的にした設備管理台帳を作成し維持 ・計測機器のメンテナンスの重要性
	設備の計画	・設備の更新又は購入の計画を作成する仕組み	・耐用年数早見表を整備して管理

表 4.1.1　業務管理の仕組みと留意事項（その9）

業務		構築する仕組みの重要な点	留意事項
精度管理 【3.12】	分析結果の品質保証	・分析値の管理とシステム管理による内部精度管理及び外部精度管理を組合せて行う品質管理の仕組み	・偏りとバラツキをうまく管理できる内部精度管理手法を事業所又は分析項目毎に試行錯誤して探して適用する ・管理に適正な項目を選び出すためデータを日常的に採る ・IUPACのテクニカルレポートにある管理方法などを参考に探す
品質問題への対応 【3.13】		・不適合そして苦情に必ず対応しその事実を記録する仕組み	・原因究明と確実な再発防止としての是正処置の実施 ・予防につなげることが経営上重要なポイント
購買 【3.14】	購買管理	・必要な資機材を決め、購入先を選定し、必要な数量の注文を行い、納品時の検査と検収を行う仕組み	・購入の際、法順守、安全性、省エネなどをチェック ・要求能力（品質）に対する受入時の性能評価検査の実施
	採算計算	・高額機器の購入検討時に行う採算計算の仕組み	・高額機器購入時に採算性つまり費用の比較を行う

表 4.1.1　業務管理の仕組みと留意事項（その 10）

業務		構築する仕組みの重要な点	留意事項
安全と環境【3.15】	試薬管理	・毒劇物の取扱い、表示、事故時の措置、廃棄などを、毒劇法の規定に従い行う仕組み	・施錠した専用の保管庫に保管し毒物劇物の購入量及び使用量、在庫量を確認 ・責任者、必要な場合特定毒物研究者を置く
	危険物	・危険物を消防法の規定に従い取扱う仕組み ・消防用設備を定期的に点検し所轄の消防署に報告する仕組み	・法の規定に従い取扱う ・必要な場合危険物施設で危険物取扱者を配置して取り扱う
	安全衛生	・権限や役割等を明確にした責任者を配置し構築した安全衛生管理体制の仕組み ・法に則った安全衛生管理の仕組み	・法の規定に則った体制と管理者を置き、危険又は健康障害の防止措置をとり、安全衛生教育と健康診断、作業環境管理を実施する ・安全性確保、女性、障がい者、高齢者が働きやすい職場環境の整備 ・現場における事故・怪我への予防対応が必要、アナフィラキシーへの対応など
	環境	・酸又は有機溶剤等を処理した後排ガスを排出する仕組み ・水質汚濁防止法又は下水道法（又は該当する場合地域の条例）に従い、排水を処理し排出する仕組み	・定期的に試料を採取し、測定し記録を残す ・ドラフト及び排水処理装置などの設備管理を行う
	廃棄物	・産業廃棄物及び特別管理産業廃棄物、事業系一般廃棄物を法に則って処理する仕組み	・産業廃棄物は、許可業者と契約を交わしマニフェストを使い処理を委託する ・法の保管の基準に従い、産業廃棄物を保管する ・成分不明試料は受付時にしっかりチェックしないと廃棄処理が困難

表 4.1.1　業務管理の仕組みと留意事項（その 11）

業務		構築する仕組みの重要な点	留意事項
販売【3.16】		・顧客の要求を十分知り、測定分析の担当者に伝え、提供するデータが十分要求事項を満たすよう管理する仕組み ・信頼を得る活動や将来進む方向の検討に繋がる顧客の評価を収集し解析する仕組み	・顧客の満足度を上げる ・顧客が納得のいく商品の説明が可能な、性能、機能、仕様などを含む説明資料を準備する ・顧客ごとの対応を可能にする取引きの経過や売り上げの推移を記録した顧客台帳を準備する ・事業活動全ての土台となる売上予算の作成と予実管理 ・常時でなくともよいがアンケートを取る又は顧客の担当者が状況を聞き出す活動
その他の業務管理【3.17】	予算	・会社の方針を示し組織の活動の方向を周知する事業遂行のための手段として予算を作成する仕組み	・準備した資料を用い販売予測、費用の推計、利益を算出し予算を作成する ・予算実績を対比し予算の精度が上がるよう年々改善する
	原価計算	・料金設定そして作業の効率改善及びコストダウンに、簡便に計算でき利用できる仕組み	・直接費を求め、賃率など時間当費用として賦課し集計 ・主要測定分析項目を計算
	広報と業界活動	・分析により得られる結果、依頼される業務の成果を事前に正確に顧客に伝える仕組み	・測定分析の結果そして解析の結果、更には報告書などの成果物を示す広告資料を作成する
	内部監査	・自ら監査し自力で改善していく監査の仕組み、監査体制構築 ・自らの業務を監査する仕組み	・ISO の規格の監査ではなく、組織のマネジメントシステム、業務の監査を行う場とすること
	ＢＣＰ	・災害など事業継続の危機に対し、早期復旧し事業継続する仕組み	・重要な業務を絞り込み、優先的に事業継続する体制を作る ・BCP 作成後の運用と見直し

（1）必要な業務管理の仕組み

　測定分析業は、分析を生業とした技術者の集団であり、顧客や市場のニーズに応えるため、業務管理を円滑に行い使命である適正な精度のデータを提供しなければならない。しかし有効に活用できる業務管理の仕組みは、未確立の様子が窺われる。そこで分析を担う現場技術者や管理職が、日常業務遂行に活用できる品質システムを含む業務管理の考え方又はヒントを提案しようとしたのが本書の目的であった。

　業態に合う仕組みの構築と運用が必要と考える。ISO/IEC17025による品質システムは、まえがきに測定分析業が営む事業の業務管理全体に展開できないとし、2.3.4 節に単なる取得だけで原理的に機能しないと述べた。もう一つ ISO/IEC17025 だけでは品質管理機能が保証できない理由がある。それは、多数の項目の測定分析を実施する測定分析業の事業所が全ての項目に、経済的にも労力的にも見合わず認定を得られないためである。ISO/IEC17025 の認定を得た多くの事業所は、おそらく認定された測定分析の項目が多い場合でも数十であろう。そうであれば、可能ないくつかの項目の認定を得た上で、適切な業務管理をそのほかの項目について施し、全社的な品質管理の仕組みを作るのが現実的である。

　企業規模が小さく人的資源も豊かでない測定分析業は、中堅実務者から管理職をどう活用するかにより事業の展開が異なると思う。その階層の社員に全体の業務とその管理を把握させ、組織活動の方向付けを行うのが経営層の仕事であろう。

　従来測定分析業は環境計量士の力量に依存して業務管理を進めてきた。ただその仕組みが十分でないと考えたため、2000 年前後に品質管理システムを導入した。しかしそのシステムも ISO/IEC17025 であれば認定範囲に対象が限られ、同様のシステムの MLAP もダイオキシン類が対象である。しかも外向きの仕組みであって組織内部の業務を管理し商品の精度を保証する仕組みでもない。

　計量法に加えて品質管理システムを導入する。いわば屋上屋のようなことを繰り返すよりも、測定分析業の必要な業務が既に分かっているのであるから、それを管理する仕組みをそれぞれの企業が考えたらよい。

　品質管理と後述の人的資源を向上させた企業が強くなれるはずである。そろそろ精度管理を卒業し、品質管理を含む業務管理に移ることを提案したい。それには業態にあった業務管理の仕組みを自ら構築しなければならない。

（2）精度の提供と信頼性向上

第3章の冒頭に記した業務管理を実施する理由は、言い換えると

①顧客から要求があれば、不確かさを開示できるデータを得る日常活動

②不確かさの維持又は向上のための改善活動

③経済的、効率的な事業の運営と収益の確保

を行う仕組みを準備することにある。

分析会社が適切な業務管理を行わなければ、提供されるデータは、求められた精度が得られず顧客が目的を果せない場合を生じる。そしてある割合の、信頼性の低いデータの混入する状況を招く。一方顧客の多くは、分析会社の精度の情報などを知り得ないし提供も受けていない。そうした状況下、分析を委託した顧客は、提供されたデータの信頼性を疑い始める。1.2節及び2.3.5節ほかに挙げた例は、そうした状況を示す。その状況が変わらなければ、データの質より料金などほかの要素による判断を顧客に促していく。分析会社は、適切な業務管理を導入し運用し、データの品質情報を顧客に提供して、顧客の信頼を得なければならない。それがひいてはその企業及び業界の発展に繋がると信じる。

「精度管理は共同実験である（共同実験を精度管理のツールとして用いる）」などと前時代的な言い訳で繕うより、そして精度管理の仕組みを机上で云々するより、分析の担当者それぞれに自身の分析のばらつき（精度）だけでも先ず求めさせるべきであろう。精確さを示すには何らかの精度が判り、管理されてないと無理である。業務管理の構築に向けて一歩一歩進めたい。

（3）人材の育成

会社組織は、ビジョン、戦略、方針、目標があり、こうした目標等を達成できる能力（力量）を持つ人を集め、経営を行う。会社が必要とする力量と組織に所属する要員が持つ力量の差を埋めるため、人の採用や育成を行う。

育成計画及び方法を前例主義のまま形式的に対応する、又は教育を独立させた運用にすれば、会社が必要な人材が育成できない。人材育成は、評価及び人事管理と連動させて、事業に必要な教育を施さねばならない。業務を適切に行える能力（力量）そして、事業全般から担当の業務の判断ができる知識を備えさせる教育は、評価と結びつけてこそ計画的に効率的に行える。

資源の一つである人の管理だけが事業の効率化をなす。マネジメントの重要な課題の一つは継続的かつ体系的な人の配置の努力であり、人的資源即ち人こそ最も大きな潜在能力を持つ資源である。人材の育成を目標を掲げ継続的に行いたい。

あとがき

この原稿が本当に後進に役立つのかどうか疑問を抱きつつ作業してきました。ただ環境測定分析の業界に数十年お世話になった者の義務として、後進の役に立ちたいそして測定分析業の管理業務をどうすべきかを示したい気持ちが、作業を進める力になっていたと思います。

筆者の一人である菊谷は、環境測定分析業を営む財団法人におよそ 35 年勤め、測定分析の実務は勿論のこと業務管理のほか業界活動に加え、ISO のマネジメントシステム審査員として多くの企業の審査に出かけるなど、長く測定分析の業務及び品質管理とそのシステム運用に関わってきました。もう一人の筆者である服部は、同様に環境測定分析業を営む企業におよそ 30 年勤め、その間に測定分析の実務そして品質管理システムの運用、更に業界活動に加えてたまたま社長を 4 年間勤め、事業全体を内外から見る機会を得ました。

本書のような書籍は、筆者の知る限りですが過去に 2 冊（種）出版されています。一つが 1978 年から 1979 年に、環境庁企画調整局研究調査課から出版された「環境測定分析参考資料」です。700 ページ 6 巻からなる冊子で、その一部が環境と測定技術の 1979 年 10 月号から 12 月号に掲載されました。もう一冊は、1978 年に出版された濱口博著「分析業務の管理と技術」です。いずれも出版後約 40 年を経ていますが、基本的な考え方は現在も通用すると思います。この 2 冊が計量証明事業の黎明期に既に出版されていたことに驚き、信頼性そして精度管理は当初より重要な課題であったと気づかされました。

顧客が提供を受けるデータが信頼性あるかどうか、社名だけで又は分析担当者の経歴だけで判断できるとは限りません。ある特定の会社なら品質が大丈夫なのでなく、本来計量証明書など報告書類に記載された精度の数値を見てデータの品質が初めて判断されると思います。サービス業の商品は、事後にならないと又は経験しないと評価が難しいとされます。そのため事前評価に使える精度の提示と料金の表示があって初めて、提供される測定分析が顧客の目的と顧客が求めるデータの精度に適当かどうかが判断されるのでしょう。

測定分析業は社会の基幹となる産業です。環境の一端の情報をデータとして示し、そして理化学分析の道具を用い様々な材料の化学成分を明らかにできる事業です。理化学技術の発展を社会に還元する産業と言えます。一方でそのデ

ータの精確さ（偏りとばらつきの少なさ）がないと、この産業の信頼性が失われることになります。この業界の社会的な地位をあげていくためにも、是非それぞれの企業が測定分析業の業務管理を導入しかつ独自の方法を確立し、社員を事業に最も有効な資源として活用する仕組みを作り、精確さの裏付けがあるデータを世の中に提供していただくよう切望します。

2021 年 1 月

筆者

参考文献及び引用文献

参考文献

1) 萩原睦幸. 間違いだらけのＩＳＯ９０００. 日経ＢＰ社. 1995, 213p.

2) 萩原睦幸. 間違いだらけのＩＳＯ１４０００. 日経ＢＰ社. 1997, 214p.

3) 飯塚悦功ら編著. ＩＳＯ運用の大誤解を斬る. 日科技連出版社. 2018, 176p.

4) 永守重信. 日本電産　永守イズムの挑戦. 日本経済新聞社. 2008, 352p.

5) 濱口博編. 分析業務の管理と技術. 産業図書, 1978, 408p.

6) 中條武志編. ISO9004:2018（JISQ9004:2018）解説と活用ガイド, ISO9001 から ISO9004 へ、そしてＴＱＭへ. 日本規格協会. 2019, 345p.

7) JISQ9001 (ISO9001): 2015, 品質マネジメントシステム―要求事項.

8) JISQ9004(ISO9004):2018, 品質マネジメント―組織の品質―持続的成功達成のための指針

9) JISQ14001 (ISO14001): 2015, 環境マネジメントシステム―要求事項及び利用の手引.

10) JISQ17025 (ISO/IEC17025: 2017): 2018, 試験所及び校正機関の能力に関する一般要求事項.

11) 中里良一. 金でなく頭を使う町工場経営の必勝発想法. 中産連プログレス. 2007. （ページ未確認）

12) 船井幸雄. マネジメントについて.(出典等未確認)

13) 一般社団法人日本環境測定分析協会ホームページ. https://www.jemca.or.jp/, （参照 2020-5-27）

14) 第２４回テクノファ年次フォーラム. 東京, 2017-12-20, 株式会社テクノファ, 2017

引用文献

1) 平成 30 年度環境計量証明事業者（事業所）の実態調査報告書. 日本環境測定分析協会, 2019, 147p.

2) 谷學. 日本の環境測定分析業界の現状と課題. 環境と測定技術. 1995, 22(8), p.2-17.

3) 谷學. これからの環境測定分析ビジネス展望. 環境と測定技術 1998, 25(10), p.62.

4) 飯島孝. 総合的な測定の指導機関の育成を. 地球環境. 1997, 28(9), p.84-86.

5) 岡田光正ら. 21 世紀に向けて環境測定分析の課題と展望. 環境と測定技術. 1999, 26(1), p.9-27.

6) 貴田晶子,田中正廣. 廃棄物処理から見る環境分析と今後の課題. 環境と測定技術. 2015, 42(1), p.5-12.

7) 久代勝. 環境計測の現状：環境測定分析業界の課題. 計測技術. 1999, 27(2), p.1-4.

8) 日本衛生検査所協会編. 検査のはなし.（出版年等未確認）

9) JISQ9001:2015, 品質マネジメントシステム—要求事項. p.3.

10) 株式会社ユニケミーの管理データから

11) 飯塚悦功. ISO9000 と TQC の再構築. 日科技連出版社. 1995, p.5.

12) 石川馨. 日本的品質管理. 日科技連出版社. 1981, p.62.

13) 大森重夫. メッキ液の分析精度管理について. 金属表面技術. 1967, 18(12), p.486-493.

14) 本田潤三. 鋳鉄溶湯組成分析の計装化における精度管理と改善効果例. 計量管理. 1971, 20(4), p.181-184.

15) 只野壽太郎ら. 臨床検査 QC の今後を語る. 臨床検査. 1987, 31(4), p.410-418.

16) 飯塚悦功. ISO9000 と TQC 再構築. 日科技連出版社, 1995, p.242.

17) 徳丸壮也. 日本的経営の興亡. ダイヤモンド社. 1999, p.31.

18) 飯塚悦功. ISO9000 と TQC 再構築. 日科技連出版社, 1995, p.238.

19) 徳丸壮也. 日本的経営の興亡. ダイヤモンド社. 1999, p.31.

20) 石川馨. SOx の分析誤差に関する検討(I). 環境と測定技術. 1977, 4(9), p.11.

21) 久米均. 油分の分析誤差をめぐって. 環境と測定技術. 1975, 2(2), p.3.

22) 藤森利美. 分析技術者のための統計的方法(その 1). 日環協ニュース. 1974, 1(8), p.29.

23) 三宅一徳. 臨床検査, 特集 分析データの管理と保証. ぶんせき. 1997, (10), p.841-844.

24) 日本適合性認定協会. 試験所・校正機関の認定(ISO/IEC 17025). 日本適合性認定協会, https://www.jab.or.jp/service/laboratory/（参照 2020-3-12）

25) 上戸亮. ISO/IEC17025 と技能試験の意義とその動向. 環境と測定技術. 2001, 28(9), p.84.

26) JIS Q 17025:2000(ISO/IEC 17025:2005)：試験所及び校正機関の能力に関する一般要求事項

27) 岩本威生. ISO/IEC17025 に基づく試験所品質システム構築の手引き. 日本規格協会 2001, 247p.

28) 平賀要一. シンポジウム「計量証明事業者は今」要旨集. 日本環境測定分析協会. 2003

29) 楠井隆史. 水環境とバイオアッセイ. 用水と廃水. 2002, 44(4), p.68.

30) 安藤則夫. JCLA 試験所認定審査の実際と新規格への移行. 環境と測定技術. 2000, 27(12), p.86.

31) 小泉清. 水質検査機関等での水質検査における精度と品質保証 : 登録制度化への対応を中心に. 用水と廃水. 2004, 46(7), p.81.

32) 飯塚悦功. ISO9000 と TQC 再構築. 日科技連出版社, 1995, p.274.

33) 飯塚悦功. ISO9000 と TQC 再構築. 日科技連出版社, 1995, p.234.

34) 日環協ができるまで. 日環協ニュース. 1974, 1(1), p.7-8.

35) 社団法人日本環境測定分析協会設立趣意書. 日環協ニュース. 1974, 1(3), p.17.

36) 藤井定雄. 計量法一部改正の概要. 日環協ニュース. 1974, 1(3), p.21

37) 環境庁企画調整局研究調査課. 環境測定分析参考資料 : 測定分析業務の管理（Ⅲ）. 環境と測定技術, 1979, 6(12), p.46.
          （注 : 筆者は原本を確認していない。一部が国会図書館にある）

38) 事業所訪問　まとめ. 環境と測定技術, 1995, 22(9), p.56-64.

39) 谷學. 環境計量証明事業所と ISO/IEC Guide 25 : 国際的に通用する分析事業所を目指して. 環境と測定技術 1998, 25(6), p.63

40) 愛知県環境測定分析協会. 愛知県における環境計量証明事業所の精度管理実態調査報告書. 平成 8 年 7 月, 8p.

41) 日本環境測定分析協会. 会員事業所の声（又は事業所訪問）環境と測定技術 1993, 20(10), p.50./1994, 21(2), p.27./1994, 21(3), p.48./1994, 21(4), p.96./1994, 21(5), p.72./1994, 21(7). p.66./1994, 21(9), p.43./1994, 21(10), p.49./1994, 21(11), p.73./1994, 21(12), p.72./1995, 22(1), p.51./1995, 22(3), p.59./1995, 22(4), p.47./1996, 22(6), p.58./1995, 22(8), p.63./1997, 24(5), p.106./1997, 24(8), P.62./1997, 24(10), p.59./1997, 24(12), p.38./1998, 25(3), p.66./1998, 25(5), p.64./1998, 25(6), p.70./1998, 25(7), p.91./1998, 25(9), p.73./1998, 25(12), p.105./1999, 26(4), p.65./1999, 26(5), p.124./1999, 26(7), p.122./1999, 26(9), p.83./1999, 26(11), p.90./2000, 27(1), p.73./2000, 27(2), p.74./2000, 27(4), p.81./2000, 27(6), p.66./2000, 27(8), p.53./2000, 27(9), p.98./2000, 27(10), p.111./2000, 27(11), p.89./2000, 27(12), p.119./2001, 28(1), p.87./2001, 28(2),

p.76./2001, 28(3), p.128./2001, 28(7), p.150./2001, 28(8), p.82./2001, 28(9), p.97./2001,
28(10), p.126./2001, 28(10), p.129./2001, 28(12), p.50./2002, 29(2), p.89./2002, 29(8),
p.123./2003, 30(1), p.107./2003, 30(8), p.45./2003, 30(9), p.65./2003, 30(11), p.54./2005,
32(1), p.107./2005, 32(2), p.57./2005, 32(9), p.82./2005, 32(12), p.82./2006, 33(2),
p.62./2006, 33(8), p.59./2006, 33(10), p.70./2006, 33(12), p.94./2007, 34(1), p.98./2007,
34(3), p.97./2007, 34(4), p47./2007, 34(9), p122./2007, 34(10), p.102./2008, 35(6),
p.151./2008, 35(9), p84./2008, 35(10), p.87./2009, 36(2), p.53./2009, 36(10), p.56./2010,
37(2), p.37.

42) 日本環境測定分析協会. 平成 20 年度環境計量証明事業者（事業所）の実態
調査報告書. 平成 21 年 4 月, 143p.

43) 日本環境測定分析協会. 平成 30 度環境計量証明事業者（事業所）の実態調
査報告書. 2019 年 3 月, p.75.

44) 宮川正孝. 行政から見た環境計量証明事業への期待. 環境と測定技術. 2007,
34(8), p.69-75

45) 愛環協特別企画セミナー：計量証明事業所立ち入り結果報告とあるべき姿
を考えるパネルディスカッション. 愛知県環境測定分析協会. 2014 年 3 月 26 日,
日本特殊陶業市民会館（名古屋市中区）.

46) 久代勝. 環境計量証明事業の現状とこれから. 計測技術. 2002, 30(4), p.8-12.

47) 鈴木和幸. 未然防止の原理とそのシステム. 日科技連出版社, 2004, p.65.

48) 一般財団法人東海技術センターのデータ及び写真から

49) 平賀要一. 牡蠣殻漫言, 第 11 幕. 環境と測定技術. 2011, 38(2), p.43-48.

50) 小河和貴. ユニケミーのアスリート集団. ユニケミー技報. 2016, (67), p.2-5.
（ユニケミー社外報）

51) 保崎清人, 中甫, 村上直巳ら. 検査管理総論. 第 2 版, 医歯薬出版. 2003, 156p.
（臨床検査学講座）

52) 平賀要一. 牡蠣殻漫言, 第 4 幕第 2 場. 環境と測定技術. 2010, 37(7), p.164.

53) 朝香鐵一, 古谷忠助. 中堅企業の品質管理. 日科技連出版社, 1976, p.67.

54) 平賀要一. 牡蠣殻漫言. 環境と測定技術 2010, 37(5), p.57.

55) 大歳恒彦. 分析ラボにおける精度管理. 月刊エコインダストリー. 1998, 3(1),
p.70-77.

56) 平賀要一. 牡蠣殻漫言, 第 3 幕. 環境と測定技術. 2010, 37(5), p.57-58.

57) 石原勝吉. TQC 活動入門. 日科技連出版社, 1986, p.13

58) 石原勝吉. TQC 活動入門. 日科技連出版社, 1986, p.222.

59) 宮川正孝. 行政から見た環境計量証明事業への期待. 環境と測定技術, 2007, 34(8),p.73.

60) 綾皓二郎, 藤井亀. コンピュータとは何だろうか. 第 3 版, 森北出版. 2006, p.10-11.

61) 山田司,石田勝利. エクセルを利用した分析機器のネットワーク化による業務改善：転記ミスや多重チェックを減らす業務の効率化と生産性の向上. 環境と測定技術, 2015, 42(7), p.6-8.

62) 高橋哲哉ら. クラウド対応 LIMS の開発とデータベース、Excel を用いた業務合理化への取組み. 環境と測定技術, 2018, 45(5), p.25-31

63) 計量証明の実施記録及び計量証明書の電子媒体による保存について：委員会報告. 環境と測定技術, 2015, 42(5), p.16-26.

64) 日環協企画・運営委員会 計量証明書の電子発効に関する WG. 計量証明書の電子媒体による交付について：委員会報告. 環境と測定技術, 2015, 42(10), p.14-19

65) 日本 EDD 認証推進協議会. 「e-計量」について. http://jedac.jp/contents/e-keiryou.html, (参照 2019-10-30).

66) 湊康弘. 報告書の電子化【電子納品の導入】. 環境と測定技術, 2017, 44(11), p.16-17.

67) 光成美紀. 環境分析データの電子納品と関連法制度. 環境と測定技術, 2013, 40(10), p.11.

68) 日本環境測定分析協会. 平成 30 度環境計量証明事業者（事業所）の実態調査報告書. 2019 年 3 月, 147p.

69) 総務省統計局 "政府統計の総合窓口：平成 28 年経済センサス-活動調査：事業所に関する集計". 調査 2016 年 6 月. 統計センター. 2018-6-28. https://www.e-stat.go.jp/dbview?sid=0003218540（参照 2020-04-01）

70) 総務省統計局 "政府統計の総合窓口：データセット一覧：平成 22 年国勢調査：職業等基本集計". 2010 年, 統計センター. 2012-11-16. https://www.e-stat.go.jp/stat-search/files?page=1&layout=datalist&toukei=00200521&tstat=000001039448&cycle=0&tclass1=000001051859&tclass2=000001055398（参照 2020-04-09）

71) 就職みらい研究所. "ニュースリリース：【確報版】「2019 年 3 月度（卒業時点）内定状況.」就職プロセス調査 (2019 年卒)" リクルートキャリア. 2019-03,

13p. https://data.recruitcareer.co.jp/wp-content/uploads/2019/03/naitei_19s-201903.pdf,（参照 2020-04-02）.

72) 厚生労働省. "報道発表資料：新規学卒就職者の離職状況（平成27年3月卒業者の状況）を公表します", 厚生労働省. 2018-10-23. https://www.mhlw.go.jp/stf/houdou/0000177553_00001.html（参照 2020-04-01）

73) 愛知県高等学校工業教育研究会. "ものづくりコンテスト". http://aichi-kouken.kir.jp/html/contest-monodukuri.html（参照 2020-04-09）

74) 市村幸夫ほか. 分析の誤差管理（上）. 環境と測定技術. 1987, 14(11), p.82.

75) 日本環境測定分析協会. 会員事業所の声（又は事業所訪問）. 環境と測定技術. 1993, 20(2), p.68./1993, 20(3), p.58./1993, 20(4), p.71./1993, 20(7), p.63./1993, 20(9), p.76./1993, 20(11), p.51./1994, 21(2), p.29./1994, 21(3), p.49./1994, 21(4), p.98./1994, 21(5), p.74./1994, 21(7), p.67./1994, 21(9), p.45./1994, 21(10), p.51./1994, 21(12), p.74./1995, 22(1), p.51./1995, 22(2), p.57./1995, 22(3), p.61./1995, 22(4), p.49./1995, 22(6), p.59./1995, 22(8), p.67./1997, 24(5), p.109./1997, 24(8), p.62./1997, 24(10), p.62./1997, 24(12), p.33./1998, 25(3), p.66./1998, 25(5), p.63./1998, 25(6), p.68./1998, 25(7), p.88./1998, 25(9), p74./1998, 25(12), p.110./1999, 26(4),p.65./1999, 26(5), p.124./1999, 26(7), p.122./1999, 26(9), p.83./1999, 26(11), p.90./2000, 27(1), p.73./2000, 27(5), p.101./2000, 27(8), p.53./2000, 27(10), p.111./2000, 27(12), p.119./2001, 28(1), p.79./2001, 28(3), p.128./2001, 28(6), p.64./2001, 28(6), p.72./2001, 28(6), p.75./2001, 28(7), p.150./2001, 28(9), p.97./2002, 29(4), p.99./2002, 29(8), p.123./2003, 30(1), p.107./2003, 30(8), p.45./2003, 30(11), p.54./2004, 31(12), p.60./2005, 32(1), p.107./2005, 32(2), p.57./2005, 32(9), p.82./2005, 32(10), p.101./2005, 32(12), p.82./2006, 33(9), p.63./2006, 33(10), p.70./2006, 33(12), p.94./2007, 34(1), p.98./2007, 34(3), p.97./2007, 34(4), p.47./2007, 34(9), p.122./2007, 34(10), p.102./2008, 35(6), p.151./2008, 35(9), p.84./2009, 36(2), p.53./2010, 37(2), p.37.

76) 日本環境測定分析協会. 事業所訪問. 環境と測定技術. 1994, 21(7), p.67.

77) 日本環境測定分析協会. 事業所訪問. 環境と測定技術. 1994, 21(12), p.74.

78) 日本環境測定分析協会. 統一事業所訪問. 環境と測定技術. 2002, 29(4), p.103

79) 日本環境測定分析協会. 統一事業所訪問. 環境と測定技術. 2003, 30(8), p.49.

80) 日本環境測定分析協会. 統一事業所訪問. 環境と測定技術. 2006, 33(12), p.97

81) 日本環境測定分析協会. 統一事業所訪問. 環境と測定技術. 2008, 35(6), p.156.

82) 横山哲夫. 大川原化工機(株)--わが社の粉体技術研修・教育法. 粉体と工業.

2000, 32(3), p.39-42.

83) 環境管理センター. 環境と測定.技術. 1997, 24(12), p.33.（続―事業所訪問(4)）.

84) 高橋安弘. サービス品質革命. ダイヤモンド社, 2004, p.141.

85) ドラッカー，ピーター F. 現代の経営(下). 上田惇生訳. ダイヤモンド社, 2006, p.102.（ドラッカー名著集③）

86) 大野哲. 平成30年度景況調査結果報告. あいかんきょう. 2019, (140), p.6.

87) 鈴木和幸. 信頼性・安全性の確保と未然防止. 日本規格協会. 2013, 155p.

88) 鈴木和幸. 未然防止の原理とそのシステム. 日科技連出版社. 2004, 225p.

89) 飯塚悦功. ISO9000とTQC再構築. 日科技連出版社. 1995, p.272.

90) 山本昭二. サービスマーケティング入門. 日本経済新聞社. 2007, p.139, 193.

91) 平賀要一. 牡蠣殻漫言. 環境と測定技術. 2010, 37(11), p.36-38.

92) 濱口博. 分析業務の管理と技術. 1978, p.58.

93) 平賀要一. 牡蠣殻漫言. 環境と測定技術 2010, 37(12), p.39.

94) 久保田正明. 環境分析における信頼性保証その4：分光機器の維持管理とバリデーション. 環境地質科学研究所研究年報. 2005, 16(4), p.8-21.

95) 愛知県環境測定分析協会. 愛環協規程集. 2003, p.55-85. (会員外非公開)

96) 原田浩二. 看護師による医療機器管理の取り組み. 看護管理. 2007, 17(6), p.524-529.

97) 富川浩明. 環境計量証明事業者に対する立入検査（平成7年度）を終えて. 環境と測定技術. 1996, 29(8), p.44-49.

98) 平賀要一. ISO/IEC17025の総論：規格は何を求めているか. 愛知県環境測定分析協会設立30周年記念講演会. 平成20年5月16日

99) 渡辺一夫. 実験室用イオンクロマトグラフ分析における精度管理. 工業用水. 2001, 517, p.31-39.

100) 中川孝太郎ら. 医療機器を安全に使用するために必要な中央機器管理. 共済医報. 2005, 54(2), p.160-162.

101) 朝香鐵一, 古谷忠助. 中堅企業の品質管理. 日科技連出版社, 1976, p.19.

102) 谷學ら. 新春真面目放談（その1）. 環境と測定技術. 1998, 25(1), p.11.

103) 鈴木和幸. 未然防止の原理とそのシステム. 日科技連出版社. 2004, p.42.

104) 加藤元彦. 米国環境事情視察　出張報告. 環境と測定技術. 1996, 23(2), p.54.

105) 愛知県環境測定分析協会. 平成22年6月16日開催企画委員会の議事から（未発表資料）. 2010

106) 総務省. 平成 26 年経済センサス‐基礎調査. e-Stat 政府統計の総合窓口 https://www.e-stat.go.jp/stat-search/files?page=1&layout=datalist&toukei=200552&tstat=1072573&cycle=0&tclass1=1074966&tclass2=000001077017,（参照 2019-6-26）

107) 谷學. これからの環境測定分析ビジネス展望. 環境と測定技術. 1998, 25(10), p.61.

108) 日本環境測定分析協会の課題と展望. 環境新聞. 2001-7-25.

109) 小泉清. 水質検査機関等での水質検査における精度と品質保証：登録制度化への対応を中心に. 用水と廃水. 2004, 46(7), p.81.

110) 日本環境測定分析協会水質・土壌技術委員会. 委員会報告：濃度計量証明事業所の内部精度管理のあり方に関する検討報告書. 環境と測定技術, 2012, 39(7), p.8-46.

111) 環境省水・大気環境局総務課環境管理技術室. 環境測定分析を外部に委託する場合における精度管理に関するマニュアル. 平成 22 年 7 月

112) Thompson.M,Wood.R. Harmonized guidelines for internal quality control in analytical chemistry laboratories. Pure & Appl. Chem. 1995, 67(4), p.649-666. (Technical Report).

113) 丹野憲二. 分析・検査の精度管理：微生物検査を例として. HACCP. 2003, 9(6), p.31-35.

114) 小林裕子,中村幸二. 有機化学物質の機器分析法. ソフトサイエンス社. 2008, p.74-77.

115) 津村明宏. 独立行政法人農林水産消費技術センターにおける残留農薬分析とその精度管理. 食品工業. 2007, 50(4), p.50-59.

116) 中村弘揮. 精度管理の取り組みについて. 水道水質検査精度管理に関する研修会予稿集. 厚生労働省, 2017-2-24.

117) 柏倉桐子.小野村恵子.利根川義男他. 技術資料 自動車排出ガスに含まれる地球温暖化物質の分析精度管理と排出量. 自動車研究. 2006, 28(7), p.339-343.

118) 鶴賀文子. 事例紹介 自動車排出ガス中の有害大気汚染物質測定における精度管理方法. 計測と制御. 2001, 40(4), p.310-314.

119) 大脇進治. 食品に含まれる有害元素の分析とその精度管理. 食品工業. 2014, 57(4), p.50-54.

120) 島根県環境保健公社臨床検査課. 健康診断現場からの活動報告(第 43 回)：血液検査項目の精度管理について. 労働衛生管理. 2011, 22(3), p.79-83.

121) 志保裕行. 生化学部門のクオリティマネジメント：分析における測定体系と精度管理. 国立医療学会誌. 2005, 59(2), p.78-80.

122) 松原朱實. 異常を見逃さないための内部精度管理. 臨床検査. 2014, 58(12), p.1523-1528.

123) 桑克彦. 精度保証と内部精度管理. 臨床検査, 1997, 41(4), p.373-379.

124) 森田昌敏. 分析値の信頼性向上：国際化への対応—環境分析における取り組み. 環境と測定.技術. 1995, 22(3), p.64.

125) ドラッカー, ピーター F. 現代の経営(下). 上田惇生訳. ダイヤモンド社, 2006, p.216（ドラッカー名著集③）

126) 氏家隆. 受託試験機関の精度管理. 月刊フードケミカル. 2006, 22(6), p.54-57.

127) 狩野紀昭編. サービス産業のTQC. 日科技連出版社. 1990, p.222.

128) 服部寛和. 平成15年度技術情報セミナー：「JCLAの不確かさ関連審査の概要と試験所の取り組み事例」について. 経済産業省及び試験所認定機関連絡会（JLAC）. 2003.

129) 桑克彦. 精度保証と内部精度管理. 臨床検査. 1997, 41(4), p.375,p.378.

130) 市原清志. 患者データを用いるQCの実際. 臨床検査. 1997, 41(4), p.399.

131) 安井明美. 食品の分析データの信頼性確保システムの確立. 日本食品科学工学会誌. 2007, 54(7), p.356-361.

132) 宮俊一郎. 企業の設備投資決定. 有斐閣. 2005, p.78-85.

133) 小林健吾. 予算管理の知識. 日本経済新聞社. 1988, p.176-177. (日経文庫398).

134) 宮俊一郎. 企業の設備投資決定. 有斐閣. 2005, 238p.

135) 千住鎮雄, 伏見多美雄. 新版経済性工学の基礎. 日本能率協会マネジメントセンター. 1994, 260p.

136) 宮俊一郎. 企業の設備投資決定. 有斐閣. 2005, p.58.

137) 千住鎮雄, 伏見多美雄. 新版経済性工学の基礎. 日本能率協会マネジメントセンター. 1994, p.84.

138) 宮俊一郎. 企業の設備投資決定. 有斐閣. 2005, p.71.

139) 厚生労働省労働基準局安全衛生部安全課. "報道発表資料". 平成30年の労働災害発生状況を公表. 厚生労働省. 2019-5-17. https://www.mhlw.go.jp/stf/newpage_04685.html, （参照 2020-7-1）

140) Anaphylaxis 対策特別委員会編. アナフィラキシーガイドライン. 第1版, 日本アレルギー学会. 2014, p.3.

141) Anaphylaxis 対策特別委員会編. アナフィラキシーガイドライン. 第1版, 日本アレルギー学会. 2014, p.1.

142) 樋上倫久. 環境測定分析機関の概況：昭和58年版・環境測定分析機関調査報告. 環境と測定技術. 1983, 10(5), p.55.

143) 菅民郎. アンケートデータの分析. 現代数学社. 2010, 376p.

144) 中山論. なぜ予算を立てるのか. 日本能率協会. 1977, p.1-2, 42.

145) 日環協環境計測工程委員会編. 環境計測工程資料. 日本環境測定分析協会. 2013, p.1-1.

146) 川越憲治,疋田聰編. 広告とCSR. 生産性出版. 2007, p.95-101.

147) 中小企業庁. 中小企業BCP策定運用指針. 2018-4-9, https://www.chusho.meti.go.jp/bcp/ （参照 2020-6-18）

148) 愛知県経済産業局中小企業金融課. 中小企業向け事業継続計画(BCP)策定マニュアル. 2020-4-1. https://www.pref.aichi.jp/soshiki/kinyu/aichi-bcp.html （参照 2020-6-18）

著者略歴

服部寛和（はっとりひろかず）

1951 年　愛知県名古屋市生まれ

1988 年　株式会社ユニケミー入社

　　　　材料分析、環境分析ほかに従事

　　　　勤務先の ISO14001EMS 責任者、ISO/IEC17025 品質管理者を担当

2013 年〜2016 年　同社代表取締役

2013〜2016 年度　一般社団法人愛知県環境測定分析協会　理事

2013〜2018 年度　同上　教育研修委員会委員長

2021 年現在　株式会社ユニケミー顧問

資格　技術士（環境部門）、環境計量士

菊谷彰（きくやあきら）

1958 年　愛知県名古屋市生まれ

1984 年　財団法人東海技術センター（現、一般財団法人東海技術センター）入所

　　　　入所後、環境計量証明事業に関する分析、X 線・電子顕微鏡等を用い

　　　　た品質管理分析、水質・土壌・アセスメントなどの環境調査に従事

　　　　2003 年から ISO 審査本部にて ISO 審査業務に従事

　　　　その後、計量管理者、水道 GLP 技術管理責任者・品質管理責任者と環

　　　　境計量証明事業や水道検査事業の責任者を担当

2021 年現在　一般財団法人東海技術センター参与

資格　環境計量士、第一種作業環境測定士、水質関係第 1 種公害防止管理者

　　　環境マネジメントシステム主任審査員

分析業と業務管理

2021年3月1日　初版発行

著　者　服部寛和、菊谷　彰

発行者　濱地清市、平井修司

発行所　株式会社ユニケミー
　　　　〒456-0034　愛知県名古屋市熱田区伝馬1-11-1
　　　　TEL. 052(682)5069　FAX. 052(682)5574
　　　　https://unichemy.co.jp/

　　　　一般財団法人東海技術センター
　　　　〒465-0021　愛知県名古屋市名東区猪子石2-710
　　　　TEL. 052(771)5161　FAX. 052(771)5164
　　　　http://www.ttc-web.com/

発売元　学術研究出版
　　　　〒670-0933　兵庫県姫路市平野町62
　　　　TEL. 079(222)5372　FAX. 079(244)1482
　　　　https://arpub.jp

印刷所　小野高速印刷株式会社
©Hirokazu Hattori, Akira Kikuya 2021, Printed in Japan
ISBN978-4-910415-15-4